世界に一つだけの深海水族館

沼津港深海水族館
シーラカンス・ミュージアム
館長 石垣幸二 監修

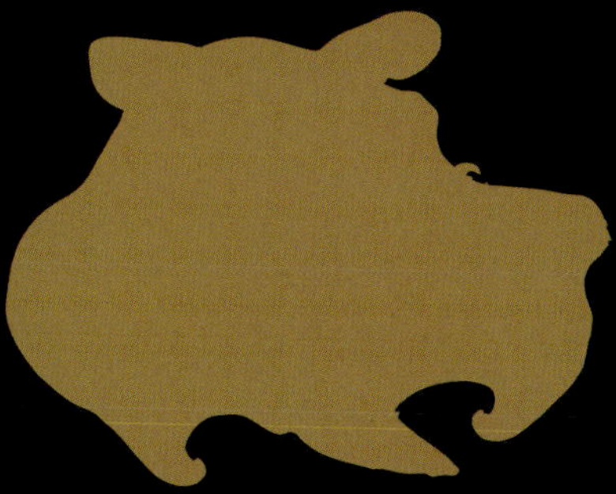

成山堂書店

世界に一つだけの深海水族館 CONTENTS

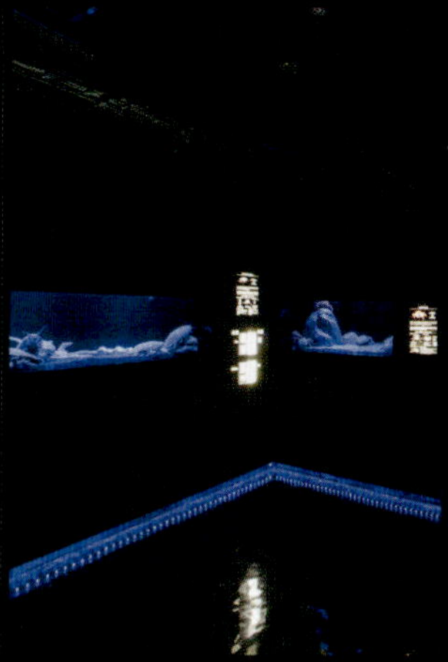
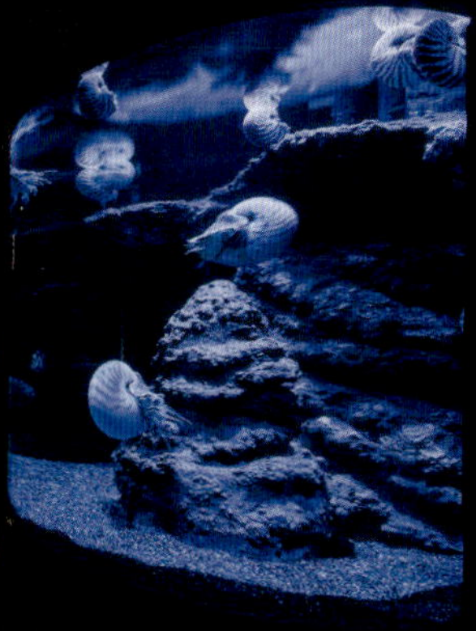
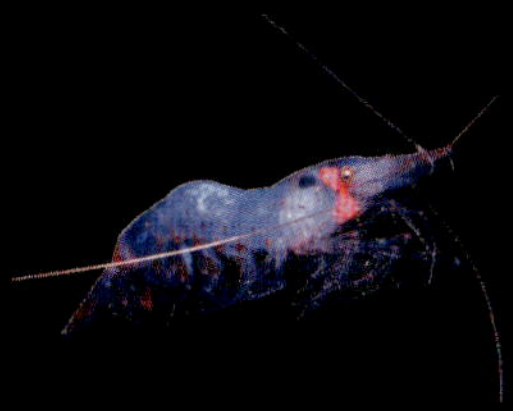
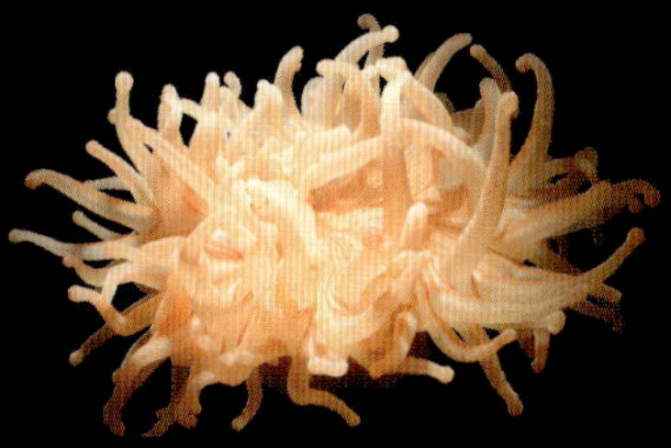

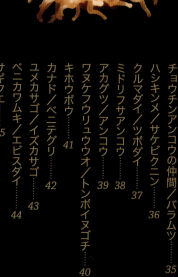

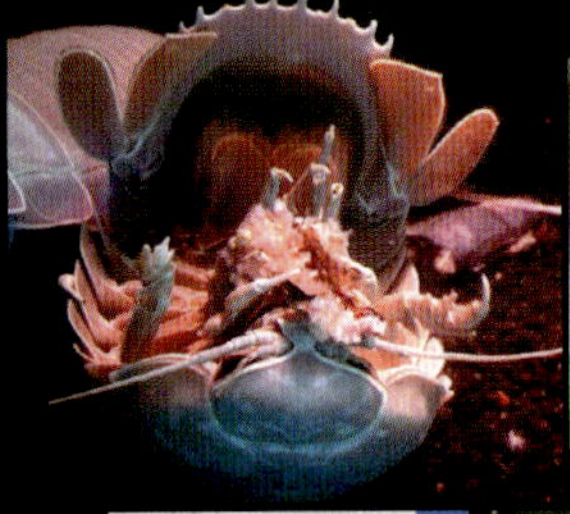

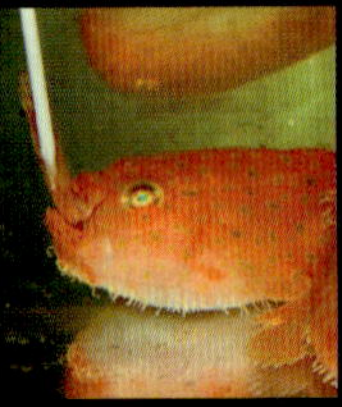

CONTENTS

director interview

他に例のない“深海”がテーマの水族館。魅せるための数々の工夫

世界唯一の「深海水族館」と「シーラカンス・ミュージアム」。深海の特殊な環境に棲む深海生物の飼育展示に関する情報は少なく、日々手探り状態で最善の飼育方法を見出している。動きの少ない地味な色の深海生物をどう魅力的に展示するか、演出方法の工夫にも余念がない。

沼津港深海水族館　館長　**石垣幸二**

聞き手　小川　典子

1967年、静岡県下田市生まれ。世界中の水族館に希少な海洋生物を納入する「海の手配師」。2011年の開館を機に、館長に就任。

小川　館長就任の経緯を教えてください。

石垣　私はオープンに向けて深海生物を集めたり、水槽システムを組んだりしていました。オープン日が近づき、営業・広報活動の必要性が生じた頃、深海生物やシーラカンスの専門的な知識を求められることが多くなり、佐藤専務より「館長としてやってもらえますか？」と依頼され引き受けました。

小川　深海水族館を成功させる自信はありましたか？

石垣　深海水族館でやっていけるか、自信というより不安の方がいっぱいでした。中途半端にやったら失敗するから思い切ってやろうと、着工前の段階で水族館の名称を「深海水族館」としました。

　深海をテーマにした水族館がそれまでなかったこと、それは多くの面で難しいからというのは理解していました。それゆえに水族館の名称に「深海」を付けることで自分自身が責任を持ってやり抜くんだという決意表明でもあったわけです。深海水族館ですから、「深海水族館なのに、深海生物の種類が少ないね」とか「動きがなくて面白くないね」と言われないよう十分注意を払い、オープンまでは、どうやって深海水族館を知ってもらうか、どういう展示をしたら注目してもらえるか必死で考えました。

小川　今まで他にはなかった深海水族館ですが、どのようなことに気をつけましたか？

石垣　日本には１２０の水族館があります。当水族館は、小規模の施設ですので特色のない水族館では人は呼べないと思っていました。それゆえに、世界でここでしか見られない生物がいる、ここでしか体験できないことがあるといった、オンリーワンの水族館を目指しました。さらに展示内容を頻繁に変えるなど、いつ来ても新しい発見がある、“楽しい水族館”作りに気をつけています。

　オープン以降は入館者数の減少が常識とされる水族館業界の中で、1年目は24万人の入場者があり、4年目には43万人と右肩上がりに伸びています。

ミュージアムショップではオリジナルの深海魚グッズがズラリ。館長自ら商品開発を主導する

沼津港深海水族館
シーラカンス・ミュージアム

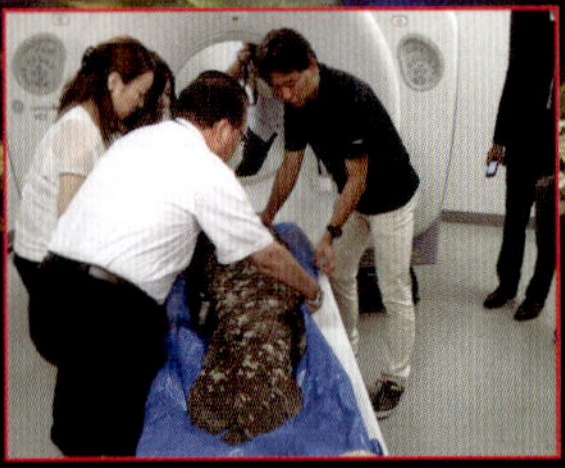

駿河湾の水深 300 mの海底を再現した水槽。舞台照明のような光の演出を施している／浅い海と深い海の比較水槽。隣同士の水槽の照明や水景の違いに注目（左上）／「やるせなす」の石井ちゃんによる深海生物のクイズを交えたトークイベント（左中）／シーラカンスを CT スキャンにかける。研究機関と共同し、研究調査を進める（左下）

小川　展示の工夫について教えてください。

石垣　深海生物の飼育自体が難しいので、生物をリラックスした状態で飼育するにはどうしたらいいのかは絶対的な課題です。ただ、ここはあくまでも研究所ではなく、水族館ですので、生物をどうやって魅力的にお客様に観てもらうかが最優先課題となります。暗い水槽に地味な水景、あまり動きのない深海生物たちなので、水族館としては、一般的に面白味のない展示になってしまいがちです。まずはどうやってお客様の足を止めて、展示水槽を覗いてもらうかがスタートでした。

　その中で、照明の使い方には最も気を使いました。照明の色のバリエーションを多く用意し、隣同士の水槽の照明が同じ色使いにならないようにしたり、水槽内を一様に照らすのではなく、舞台照明のように、水槽の数か所に光が差し込むような演出をするなど工夫しました。その他にも、それぞれの生物やゾーンごとにオリジナルの環境音楽を作り、深海生物を観賞しながら、そのイメージにあった音楽を楽しめるようになっています。

　また、難しい説明が必要になりがちな、深海生物やシーラカンスについては、ベテラン芸人やるせなす石井ちゃんによる解説トークイベントを館内で開催しています。飼育員も、魚にただ餌をあげるのではなく、お客様へ生態の解説を交えながら触れ合いの時間を多く設けています。このような試みにより、お客様と水族館スタッフの距離感を近づけているのです。

小川　シーラカンス・ミュージアムの見どころを教えてください。

石垣　冷凍2体とはく製3体の本物のシーラカンスです。どれもここでしか見られない貴重なものです。標本展示だけではなく「生きた化石」シーラカンス以外の古代生物の化石展示、シーラカンスの魚拓、発見秘話を知ることができるアニメーション、世界初となるシーラカンスの遊泳映像など、シーラカンスについて、子どもから大人まで楽しく学び、体感できるミュージアムです。

小川　シーラカンスは、どれほど貴重なのでしょうか?

石垣　3億5千万年前に出現したシーラカンスはすでに絶滅した生物とされていました。1938年南アフリカで初めて〝生きた化石シーラカンス〟が発見されました。絶滅寸前種に指定されたシーラカンスは1991年ワシントン条約により国際的に商業取引をすることが禁止されました。当館に展示しているシーラカンスは、規制される前に日本に持ち込まれたことを証明する「国際希少野生動植物登録票」があります。この登録票なくしてはシーラカンスの鱗1枚であっても商業的な扱いをすることが許されておらず、登録票付きのシーラカンスは国内に5体しかありません。その5体全てを当ミュージアムで展示しています。

小川　なぜ深海水族館でシーラカンスを展示しているのですか?

石垣　シーラカンスの仲間のほとんどは、川や浅瀬に棲み環境の変化に耐えられず絶滅し化石でしかその姿を知ることはできません。当館に展示されているシーラカンスは、水深200mから600m付近の深海に棲む、深海魚としてのシーラカンスだからです。外敵が少なく、水温や水質の変化が極めて少ない深海の環境に守られ、現在もアフリカ南部やインドネシアの深海で生息が確認されています。

小川　深海生物の飼育の難しさを教えて下さい。

石垣　深海生物は、水槽内では再現できない高い水圧がかかった特殊な環境に暮らしています。さらに水温は冷たく、ほとんど光の届かない真っ暗な環境です。一定の圧力を加えた水槽システムを用意するのは技術的にも費用的にも不可能なため、水圧以外の深海の環境作りを心がけています。

　また、深海は環境がほぼ一定していることから、深海生物は水温や明るさ、水質などの変化に適応できないものが多く、飼育員は飼育環境にわずかな変化も生じてないかどうか、1日に何度も確認作業を行っています。餌も何を食べるか分からないため、20種類を超える餌をいろいろな形や大きさで用意し、実験を繰り返しながら安定して食べさせるようにしています。浅い海の生物にくらべ、とても餌付きにくく、神経質なため、無理に餌を食べさせようとすると、そのストレスで死亡してしまうこともあります。飼育の参考となるデータが乏しいため、時間と労力をかけて試行錯誤を繰り返し、生物の種類ごとに仮説を立てながら飼育技術を高めていて、3年以上の飼育例も出てきました。

小川　捕獲した生物はすぐに展示するのですか?

石垣　基本的には生物を捕獲し、水族館に搬入した後は、バックヤードの予備水槽で数週間~数か月飼育後、生物の状態を確認した上で、いよいよ展示水槽にデビューとなります。展示水槽の環境の方が大きなストレスがかかりやすくなるため、バックヤードで十分に生物を落ち着かせてからでないと、展示水槽の環境に適応できません。それでも、例外として1年に1~2回程度しか手に入れられないような希少生物については、お客様に生きている姿を見てもらいたいので、捕獲後すぐに展示水槽に移します。

小川　深海生物の魅力は何だと思いますか。

石垣　見た目が非常に変わっていることです。一目見ただけでは、何の種類の生物かもわからない、何を食べるのか、どうやって繁殖するのかなどいまだに分からないことが多くあり、ミステリアスな生物だということでしょうか。飼育して初めてわかることもあるので、これまでイラストや写真、標本などでしか知りえなかった生物の謎を、生きた状態で飼育することによって、新しい発見ができることも魅力の一つだと思います。

小川　読者へのメッセージをお願いします。

石垣　誰も見たことがない未知の深海生物の展示に挑戦し続け、地元の人が世界に自慢したくなる水族館を目指していきます。そして、自分も一緒にワクワクしながら世界中の人に見てもらえればいいなと思っています。

沼津港活性化の柱として水族館を設立。再び人の集まる港を目指して奮闘中！

水産業の衰退と人口減少により寂れていく沼津港を賑わう街に、「港八十三番地」と「沼津港深海水族館」が港を変えていくことへの第一歩。生まれ育った地元活性化のためにさらなる挑戦は続いていく。

佐政水産株式会社　専務取締役　**佐藤慎一郎**

聞き手　小川　典子

1976年、静岡県沼津市生まれ。大学卒業後、アイルランド留学。福岡魚市場、昌和水産で3年修行後、佐政水産入社。入社後は、干物原料の仕入や販売、また新規顧客の開拓、加工部門新設などを行い、さらに水族館や飲食業も始める。

小川　港八十三番地と水族館の成り立ちを教えてください。

佐藤　当社は１００年沼津港で水産業を営んできましたが、水揚量が減り続け、仲買や沼津の名産である干物加工メーカーも減少が続き、このままでは将来性が見込めないと感じていました。また沼津港は年間約１００万人が訪れる観光地でしたが、昼食の立ち寄りがほとんどで、夕方や冬は人通りが途絶えてしまいます。寂れていく沼津港にもう一度、人が集まるようにしたいと思い、新規事業を計画しました。やるからには１００年沼津港で続いてきた企業として、地元の活性化に取り組む事業を行いたいと考え、10年ほど前から港八十三番地の構想を練ってきました。そのために、全国各地や海外の観光地を視察しましたが、その中で「地元の人に評価されない施設は長続きしない」と感じたので「港八十三番地」の飲食店には、「地元の人が来やすいように年中無休で夜10時まで営業すること」「食事メニューの30％以上に静岡県東部の食材を利用すること」「深海魚をメニューに加えること」「地元の人が来やすい価格設定にすること」を条件にしました。また、飲食店だけでは、旅行の立ち寄り場所にしかならないため、沼津が目的地になるような施設が必要と考えました。沼津には観光名所が少ないので、地元の人が沼津に来たらあそこへ行ってみなよ、と言ってもらえるような施設を検討していました。水族館は考えていたのですが、ノウハウがないので他の水族館と提携してミニ水族館などができないかなどと悩んでいるときに、当社の社員から水族館構想の話しを聞いた館長である石垣さんが会いに来てくれたんです。「地元の人が自慢できる施設を作りたい」という考えに共感してくれて、すぐに「一緒に水族館をやらせてください！」という話になりました。石垣さんと出会って1か月後には水族館設立を正式に決定し、半年後には着工、1年後にはオープンという、通常では考えられないスピードで進み、無事に開業することができました。

小川　水族館と港八十三番地を開業するにあたって、不安はなかったですか？

サザエ
沼津港
駿河湾と味わう町
佐政水産

夜の帳が下りた港八十三番地。地元の食材をふんだんに使い、深海魚をメニューに取り入れるなどの工夫を凝らし、集客を伸ばしている

佐藤　水族館も複合施設も飲食もすべてがまったく経験したことのない事業ということで、不安はありましたが、このまま何もしなかったら将来はないと思い、挑戦することにしました。しかし、それ以上に期待も自信もありました。沼津は、伊豆半島、箱根、富士山という観光地エリアに囲まれていて、すべてにアクセスしやすく、西伊豆や中伊豆の玄関口でもあり、旅行の途中に立ち寄りやすい立地になっています。近くには新幹線や高速道路もあり、首都圏からわずか1時間で来られる日帰りの距離です。目の前には日本一深い駿河湾があり、気候も温暖で美味しい魚介類も食べられます。このような恵まれた立地にあるのだから、魅力ある施設さえつくれば必ず人は来ると確信していました。石垣館長から深海をテーマとした水族館を提案され、飲食店では深海魚をメニューに入れることで差別化を図っていましたので、港八十三番地で深海魚を見て食べて楽しむということで、深海水族館はピッタリだと思いました。ある一定の世代しか来ないのではなく、大人も子どもも楽しめるという意味では、絶対に当たると思っていました。

小川　開業前に苦労したことをお聞かせください。

佐藤　当初は、コンサルタントを入れて6〜7年くらい前に着工寸前まで計画が進んでいたのですが、どうしても自分のイメージと違う商業施設のような形になってしまったので、直前で取りやめました。その後にリーマンショックがあり、本業の水産業のほうも影響を受けたので、しばらくは計画が先延ばしになっていたのですが、もう一度、自分の目指す形を模索し、新たなデザインで設計事務所と構想を練っていき、今の形となっていきました。しかし、リーマンショックの影響で、出店してくれるテナントが見つからず、地元の企業も「誰も歩いていない夜の営業や年中無休は難しい」、地元食材の利用条件も厳しい」とどこも出店してくれませんでした。そのような状況の中で、本業の取引先である東京や大阪の方々がコンセプトに賛同し、「沼津港の地魚の魅力もわかっているから」と出店を決めてくれたのですが、着工の1か月前に東日本大震

漁師てんぷら「とらてん」の沼津深海魚定食と「沼津バーガー」の深海魚バーガー（右上）／沼津バーガー外観（右下）／建設中の港八十三番地（上）／佐政水産外観（中）／創業時の佐政水産（下）／セリで賑わう沼津港（左）

災があり、出店が決まっていた物販店舗は津波が怖いから沼津港での出店は難しいと辞退されてしまいました。本業のほうも打撃を受け、伊豆や箱根への観光客は激減、また計画停電などもあり、非常に大きな影響を受けました。震災で海沿いは危険と言われているときに、施設を作るなんて絶対失敗するとも言われましたが、何もしないことの方がリスクだと思い計画を進めましたが、着工してからは資材が届かず足りないものばかりで、とにかく造りながら補充する状況でした。物販店舗も出店してくれるテナントがなかったため、自社で出店することも決めました。直営の飲食店「浜焼きしんちゃん」も開業予定で、飲食店・物販店・水族館・商業施設とすべてが初めての経験だったため、非常に忙しく苦労しました。たぶん大震災の後、一番最初に海沿いにできた施設だと思います。

小川　開業後はどうでしたか？

佐藤　水族館のほうは1年目から24万人もの入場者があり、当初の目標20万人を上回ったのですが、深海というコンセプトが理解されず、建物が狭いとか入場料が高いという話を多く聞きました。しかし、イルカやペンギンなどは日本中の水族館で展示していますので、他と同じものを展示してもわざわざ沼津までは来てもらえません。今まで、深海生物に特化した水族館がどこにもなかったのは、まず捕獲が難しい、そして輸送にも弱い、飼育方法もわからないという理由にあります。しかし駿河湾では昔から深海魚を捕獲する底曳き網漁があります。また日本一深く急深のため、漁場まで近く、捕獲から数時間で沼津港に帰ってくることができます。そのため、深海魚の水族館をやるには日本で一番可能性が高い場所だと思います。飼育に関しては、どこにも情報がないため、石垣館長や飼育スタッフが1種類ずつ研究しながら、少しずつ長生きできるようにチャレンジしています。長期飼育に成功した深海生物もかなり増えてきましたので、現在では、毎年リニューアルして、水槽の数を増やしています。

　飲食店街のほうはと言えば、売上が思った以上に上がらず大変苦労しました。特に夜は観光客もほとんど

タカアシガニ。駿河湾を代表する深海生物だ（上）／唐揚げにするとおいしいユメカサゴ（右下）／進化魚は焼き魚などにして供される（中下）／沼津特産の干物の数々（左下）

いないですし、地元の人々も最初は来てくれなかったので、全店舗に1人もお客様が来ないような日も続き、夜は赤字営業だったと思います。

小川　そのような中で営業を続けられたのは、何か思いがあったのでしょうか。

佐藤　地元の方に来てもらいたいという思いが強かったですね。地元の人に沼津港で深海魚が水揚げされることは、ほとんど知られていませんでしたので、地道に販促を行い、リピーターを増やしていくように努力しました。漁師さんが漁獲した深海魚は、大漁であっても魚市場で売り先がなく、練り製品の原料に安くまわされることもありましたが、深海魚は元々、脂があって、美味しいものが多いんです。しかも沼津港で水揚げされる深海魚は鮮度も非常によく、刺身でも食べられるので、駿河湾でこんなにおいしい魚が獲れることを地元の人に知ってほしいという思いもありました。

東京の飲食店でも評価が高いので、港八十三番地の全店舗で深海魚のメニューを作ってもらい、認知度を上げていきました。そうしていくうちに、年々、地元の方にも来てもらえるようになり、直営の浜焼きしんちゃんでは、3年目の夜の売り上げだけで1年目の全体の売り上げに達するくらいに夜も人で賑わうようになりました。地元の人に喜んでもらえるような地物の安くて美味しい魚介類を提供すれば、観光客にも必ず喜んでもらえると思っていました。現在では、深海魚の認知度も上がり、深海魚を使った料理を提供するお店も増え沼津魚市場でのセリの値段も上がっています。セリの値段が上がれば、漁師さんの収入も増えますし、魚市場も売り上げが増え、仲買人も飲食店も差別化して売り込むことができ、みんながプラスになります。そのような思いがあったから、夜もあきらめずに営業を続けられました。

小川　様々な苦労を重ね地元の活性化に取り組んでいますが、これから目指すものは何でしょうか。

佐藤　沼津港全体の観光客も現在では年間160万人近くになり、1年を通して賑わうようになりました。沼津市の中で最も人が集まる地域だと思います。でも、人口が減り水産業も壊滅状態で、今、水族館や港八十三番地で賑わっていますが10年後20年後も現在のように賑わうかといったら分かりません。

　沼津市は水産業の衰退により、ここ30年で人口は21万人から20万人と約7%減っています。沼津港エリアの人口は、約33%減っています。その大きな原因は、基幹産業だった水産業の衰退です。沼津魚市場も売上高も仲買人の数もピークの半分になり、かつて全国の生産量の7割近くを占め、最盛期は約300社あった干物メーカーも約80社と7割も減少しています。水産会社、干物メーカーが倒産して従業員も家族もみんないなくなり最も人口が減っているエリアです。私が小学生のときに一学年130人ほどいた地元の小学校も、今は一学年26人しかいませんし、22人いた同級生で今も港にいるのは私を含めてわずかに2人です。今の沼津港では、仕事を見つけることも難しくなっています。賑わう街にするために、一番大事なのは雇用です。港八十三番地を開業して、140人の雇用が生まれました。平日でも人で賑わうようになった沼津港では、まだまだその需要があります。本業である水産業はもちろん観光業にも力を入れて、活気あふれる街づくりを行っていくことが大切だと考えています。

　そのためにも沼津港は、ポテンシャルを活かして、活性化に取り組み、雇用を増やしていくとともに若い人たちが働きたい、住みたいと思えるような場所を作ることが大事だと思います。これから次の100年も沼津港で商売をしていきたいと考えていますので、そのためにも100年後も多くの人で賑わい、やりがいのある仕事にあふれ、住みやすくて自慢したくなる、美味しい魚介類を使った料理と、地元の人も楽しめる港町を目指していきたいと思っています。

小川　ありがとうございました。最後に読者へのメッセージをお願いします。

佐藤　沼津は、日本一深い駿河湾と深海魚だけではなく、気候の良さと美味しい食があるので、これを機会に知ってもらえれば嬉しいなと思います。

上空から見た沼津港。年間を通して観光客が訪れ、沼津市の中でも最も人が集まる地域となった

駿河湾 海洋地形図

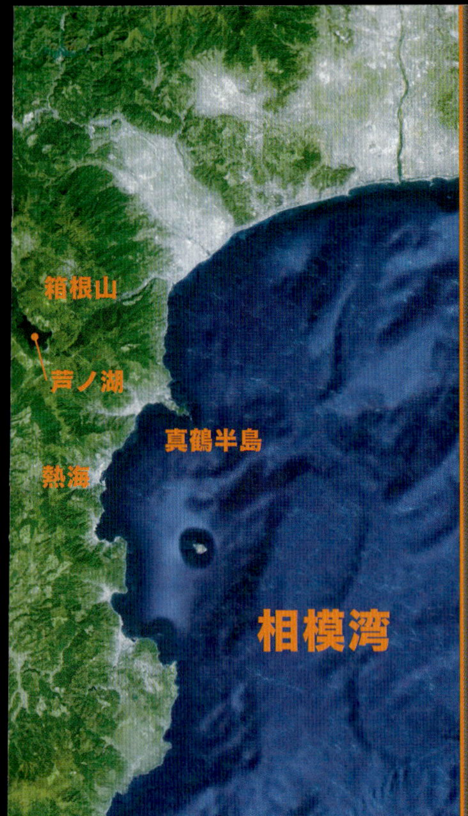

金冠山から見た駿河湾と富士山

駿河湾は、伊豆半島最南端の石廊崎《いろうざき》と御前崎《おまえざき》を結ぶ線に囲まれた海域のことで、最深部は2,500mに達し、日本の湾の中では一番深い湾です。フィリピン海プレートとユーラシアプレートの境に位置し、1,000mより深くに海底峡谷が湾口から湾奥部まで南北に連なっています（駿河《するが》舟《しゅう》状《じょう》海盆《かいぼん》）。

湾内には約1,000種もの魚類が生息しているといわれます。イワシ、アジ、サバなどのほか、水深200m以深にはサクラエビやタカアシガニなど、いわゆる深海生物が数多くが生息しています。

これは駿河湾にはいわゆる大陸棚のようなものが発達せず、沖が急に深くなる地形のため、幾重にも水層が積み重なっているためだと考えられています。

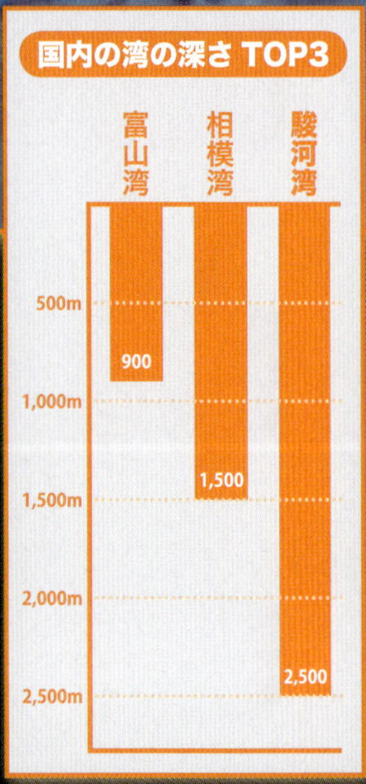

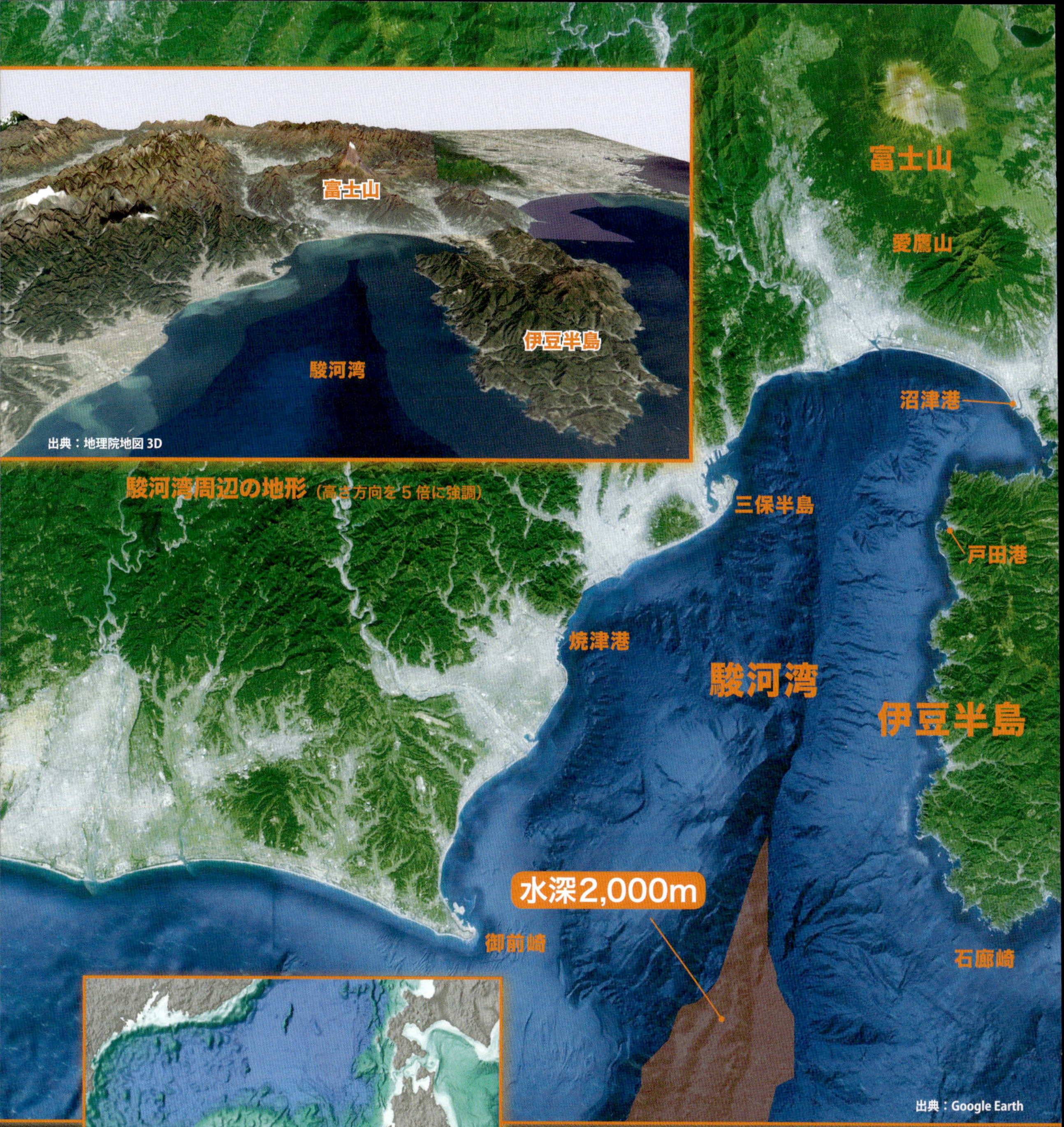

駿河湾周辺の地形（高さ方向を５倍に強調）

日本列島は、ユーラシアプレート東端とび北アメリカプレートの南西端に位置する。これら２つの大陸プレートの下に、太平洋プレートとフィリピン海プレートの２つの海洋プレートが沈み込むという複雑な地形の上に成り立っている。図のように、駿河湾は太平洋プレートとフィリピン海プレートの境に位置している。

日本列島周辺の海洋地形

深海生物の生息水域

「深海」とは、一般的に水深200mより深いところを指し、地球の海洋面積の80％を占めています。世界一深い海はマリアナ海溝で、水深は10,920mにもなり、海の平均水深は3,700mになります。このように、海の大部分は深海が占め、この深海に数々の生物が暮らしています。

サクラエビ

ナヌカザメ

ワヌケフウリュウウオ

ダイオウグソクムシ

エゾイバラガニ

チョウチンアンコウの仲間

ダーリアイソギンチャク

ヨロイザメ

シロウニ

オンデンザメ

0m
クルマダイ
トリカジカ
ボウズカジカ
ムラサキカムリクラゲ
500m
ヌタウナギ
ヒメコンニャクウオ
ヤマトシビレエイ
ミツクリザメ
1000m
ウルトラブンブク
センジュエビ
アシボソシンカイヤドカリ
1500m

深海の光

太陽光の中でも、赤い光は青い光よりも水に吸収されるため、水深 10m を超えると人間の目にはすべてが青っぽい世界となってしまう。水深 200m を超えると、人の目では色を識別できなくなり、400m を超えると何も見えなくなる。しかし、わずかな光は水深 1,000m まで届いている。深海に暮らす生き物たちは、このわずかな光を感知できるものが多く存在している。

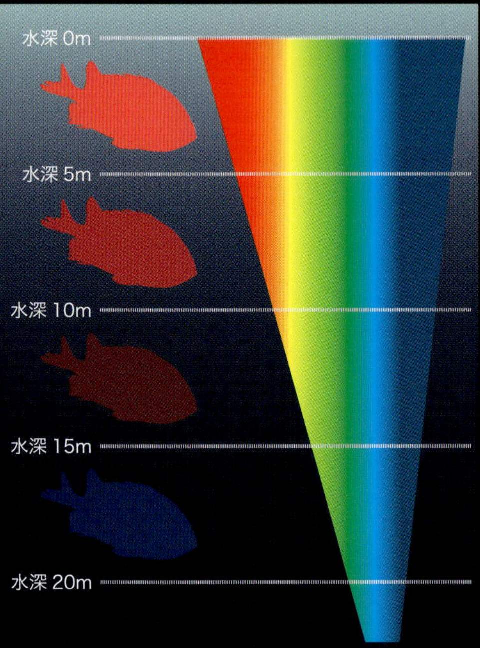

深海の水温

南極や北極などの高緯度域を除いて、表面付近の水温は、太陽光の影響を受けて常に変動している。太陽の働きで温められた水温は、水深が深くなるにつれて徐々に低下していく。水深 1,000 付近の水温は 10℃前後となり、水深 3,000 以深では 1.5℃にまで低下する。しかし、それ以上深くなっても、水温が下がることはなく、ほぼ一定の水温が超深海層まで続く。水温に限っては、深海は安定した環境といえるだろう。

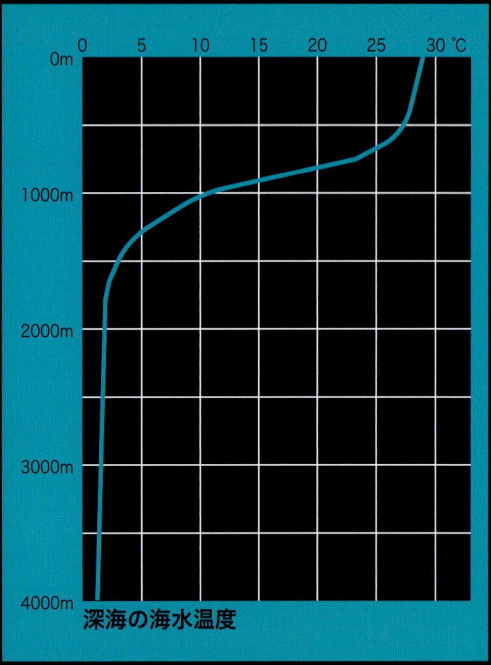

深海の海水温度

一見、派手なように見える体の色が
深海では保護色になる

深海の世界

深海というと、「暗い」「冷たい」「怖い」「不気味」などのイメージが先行し、身近な海とはかけ離れた場所と思われているようです。では、いったい深海はどのようになっているのでしょうか。少し覗いてみましょう。

深海の水圧

水深が増すとともに、水圧は大きくなる。そして、この水圧が深海での調査、開発を阻止している大きな要因となっている。水中では、10m 深くなるごとに 1 気圧ずつ水圧が増す。人間は 30 気圧（水深 300m）を超えると、細胞が破壊されたり、神経障害さえ起こるとされている。深海生物が高水圧でも生きていけるのは、深海生物の体内の圧力が、周りの水圧と同じになっているからである。

体内の圧力を、周囲の水圧と同じにするとこで深海でも生活できる

色

深海魚の体を見てみると、黒と赤が圧倒的に多いのが分かる。光の届かない深海では、黒は保護色となる。一方、赤い色は水中で吸収されやすい色のため、深くなるにつれて海中の色に同化してしまう。その結果、赤は保護色のような目立たない色になり、身を護ったり、餌をとるのに役立っているのである。

ハシキンメ

体

大きな水圧、低水温、低酸素濃度などの環境に暮らす深海生物の体には、いくつかの特徴がある。このサケビクニンのように、体を軽量化するために重くて硬い骨格を小さくし、うろこをなくすものも少なくない。また、浮袋のなかには空気ではなく、脂肪やワックスで満たされているものもいる。

目

水深 400m を超えると人間では色を感じることができなくなるが、水深 1,000 mあたりまではわずかに光が届いている。深海で暮らす生き物たちにとっては、このわずかな光を感じることが大変重要なこととなっている。深海魚の目が、体に比べて大きいのは、弱い光を感知するためのものなのである。

フトツノザメ

卵

深海生物には、変わった形の卵を産むものも少なくない。ヌタウナギは 3 ～ 4cm ほどの卵が立体的に連なっており、またギンザメの卵は細長く 25cm ほどもある。このようなことから、かつてはまったく別の生き物と思われていたこともあったようだ。

ギンザメの卵

呼吸

深海生物の動きを観察してみると、あまり活発でないことが分かる。これは、水圧や水温、体の構造も無関係ではないが、深海が常に低い酸素濃度であるということも大きな要因となっている。ラブカという深海にすむ古代ザメのエラが体外に飛び出し、直接海水に触れているのは、酸素を多く取り込むための方法と考えられている。

深海生物図鑑
109種

光のわずかにしか及ばない深海を住処とする
不思議がいっぱい詰まった生き物たち──
いまだ数多くの謎を残す数多くの深海生物たちをここで紹介しよう。
ここで紹介する生物の大部分は水族館でも展示されている。
生きた姿を見たい人はぜひ足を運んでみよう。

魚類

甲殻類

その他の生物

著しく突き出した吻先が特徴的な古代ザメです。獲物を見つけるとアゴを大きく前方に飛び出させ捕食する様は悪魔のサメと言われ、ゴブリンシャークの名で知られています。

生息水域 100～1,300m　全長 1300～5000mm

ミツクリザメ

Mitsukurina owstoni

イギリスで「世界一醜い生物」に認定された不名誉な記録があります。水から上げると体内の水分が抜けて顔の皮膚がだれ落ちるためですが、水中での様は、可愛らしい顔をしています。

生息水域 300～1,000m

全長 200～400mm

ブロブフィッシュ

Psychrolutes sp.

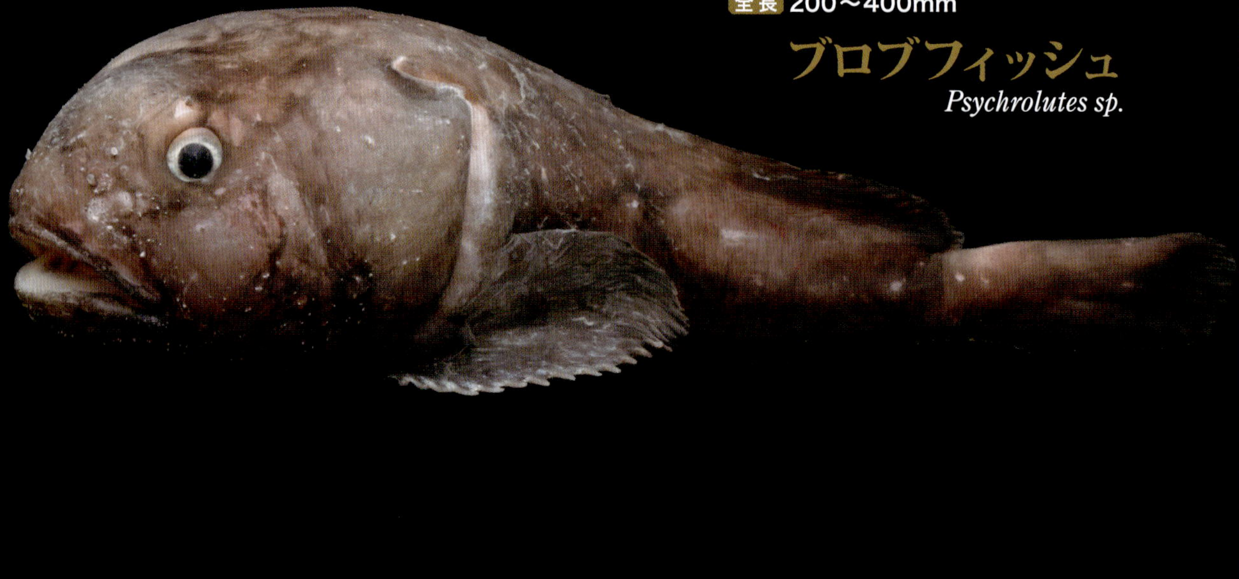

全身がおろし金のようなザラザラした体表をしています。背ビレの形状は鎌状で、鋭い棘があります。1985年に駿河湾で発見されて以来、4個体ほどしか報告のないかなり希少なサメです。

生息水域 150〜350m　全長 400〜650mm

オロシザメ

Oxynotus japonicus

大型の深海ザメの仲間で、最大7mまで成長します。生きた状態での捕獲例が非常に少なく、おそらく世界初展示です。非常に獰猛であり、口に入るものは何でも食べるといわれています。

生息水域 200〜4,000m　全長 1700〜7000mm

オンデンザメ

Somniosus pacificus

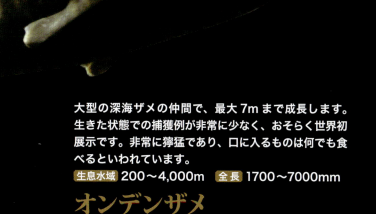

シーラカンスと同じく、生きた化石と呼ばれる深海のサメです。エラの膜がヒダ状でフリルのように見えることから「フリルシャーク」と呼ばれています。水族館で展示されることはとても稀です。

生息水域 50～1,000m

全長 700～2000mm

ラブカ

Chlamydoselachus anguineus

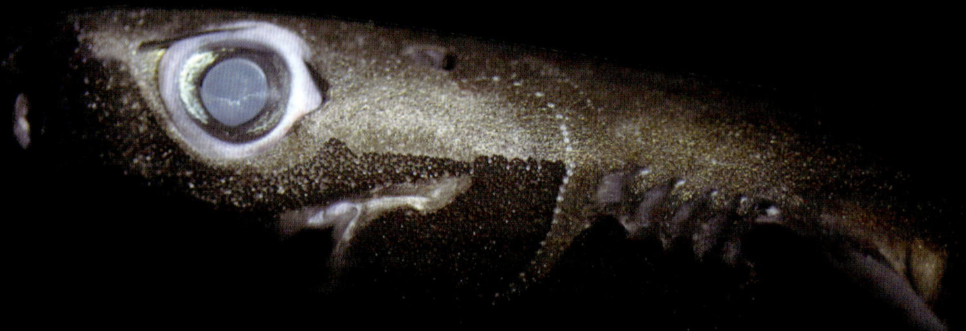

大きくなっても40cmほどの小型の深海ザメです。死んでしまうと体色は黒くなってしまいますが、生きている間は美しい藤色の体色をしていることでこの名が付けられました。

生息水域 250～650m　**全長** 200～400mm

フジクジラ

Etmopterus lucifer

原始的なサメで、他のサメのエラ孔が 5 対に対し、7 対あり、背ビレは 1 基しかありません。太平洋北東部を除く、世界中の熱帯・温暖域に生息しています。最大で約 1.5m になります。

生息水域 300〜1,000m

全長 1000〜1500mm

エドアブラザメ

Heptranchias perlo

魚や甲殻類など幅広く捕食し、時には自分より大きな獲物を襲うこともあります。肉、肝臓、皮など我々の生活に合わせた形で幅広く利用されています。

生息水域 200〜1,800m 全長 400〜1600mm

ヨロイザメ

Dalatias licha

ノコギリのような吻（ふん）を持つため名付けられました。この吻を振り回して小魚などを傷つけて捕食します。また、吻から伸びる１対のヒゲで砂の中の餌を探します。
生息水域 100～500m　全長 1000～1500mm

ノコギリザメ
Pristiophorus japonicus

体に星状の斑点があるため名付けられました。底性生物を食べるため、口が下向きについています。地域によっては、高級練り製品の原料として利用されています。
生息水域 50～300m　全長 600～1400mm

ホシザメ
Mustelus manazo

原始的なサメといわれ、エラ孔が他のサメより多く6対あります。非常に貪欲で魚から甲殻類、哺乳類まで何でも食べつくします。全長5mほどに成長する大型の深海ザメです。

生息水域 200〜2,500m 全長 2200〜4800mm

カグラザメ

Hexanchus griseus

第一背びれと第二背びれの前方に、太く鋭利なトゲを持っています。底生性の深海ザメですが、冬場になると数十mの浅瀬に現れることもあります。群れを作って生活しているようです。

生息水域 200〜600m

全長 800〜1500mm

フトツノザメ

Squalus mitsukurii

爬虫類のヤモリのように体が細く、背中の斑紋状の模様があることでこの名が付きました。最大でも 70cm の小型のサメですが、練り製品やみりん干しとして食されています。

生息水域 200〜550m　全長 500〜700mm

ニホンヤモリザメ

Galens nipponensis

危険が迫ると海水を飲んでフグのようにお腹を膨らませることができます。生命力が強く、水からあげても七日間生きると言い伝えがあることから「七日＝ナヌカ」と名付けられました。

生息水域 25 〜450m　全長 1000〜1200mm

ナヌカザメ

Cephaloscyllium umbratile

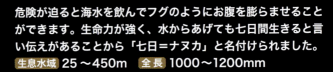

名前にサメと付きますが、サメやエイとは区別されています。大きな胸ビレを鳥のように上下に動かし、真っ暗な海をゆっくりと飛行するように泳ぐ姿が化け物や幽霊を連想させます。

生息水域 100～500m　全長 350～600mm

ギンザメ

Chimaera phantasma

全身に明瞭な白点を持つ深海性のトラザメの仲間になります。1985 年伊豆半島の下田市白浜沖で初めて捕獲されてからも、狭い範囲でしか見つかっていない希少なサメです。

生息水域 100～200m　全長 200～400mm

イズハナトラザメ

Scyliorhinus tokubee

6 対の鰓孔（さいこう）があることが和名の由来です。吻（ふん）の内部は透明なゼラチン質で満たされています。餌を見つけた時は口を下方に大きく伸ばして吸い込むようにして捕食します。

生息水域 120～1,000m　**全長** 500～650mm

ムツエラエイ

Hexatrygon bickelli

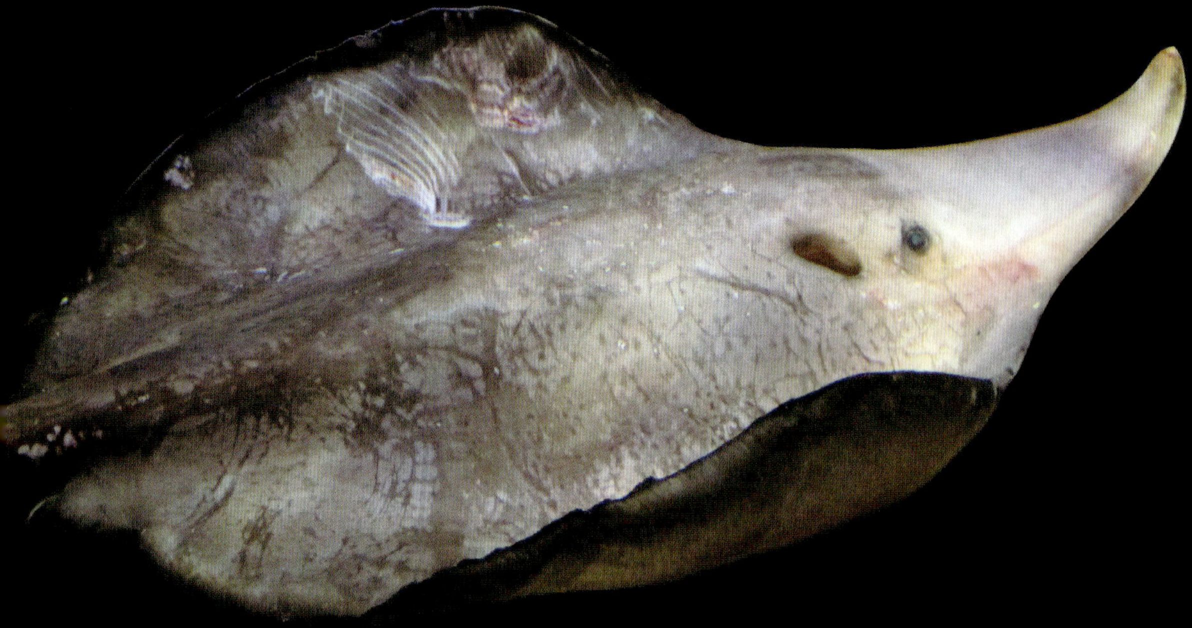

発電器官を持つ深海性のシビレエイの仲間です。ウチワ型の体型をした１mを超える大型のエイで、背びれを２枚持ちます。100ボルト程度の発電能力を持っています。

生息水域 300～1,000m　全長 700～1100mm

ヤマトシビレエイ

Torpedo tokionis

大きな頭部に発達した背びれと胸びれ、正面顔の印象がにわとりに似ていることが名前の由来です。少し突き出した大きな眼と、頭部から尾部にかけて先細る体型が特徴です。

生息水域 200〜400m　**全長** 150〜300mm

トリカジカ
Ereunias grallator

体は透明感のあるオレンジ色のゼリーのようです。腹部に吸盤があり、岩盤などにくっついて生活しているようです。深海のカニの甲羅の内側に卵を産み付けるという、変わった習性を持っています。

生息水域 500〜1,100m

全長 70〜110mm

ヒメコンニャクウオ
Careproctus rotundifrons

メスは 45cm ほどになりますが、オスは 1.5cm しかありません。オスは生殖のためにメスに噛み付いて癒着し、栄養分をもらいます。オスは生殖行動が終わると、吸収されてしまいます。

生息水域 450～1,200m
全長 15～450mm

チョウチンアンコウの仲間
Diceratiidae sp.

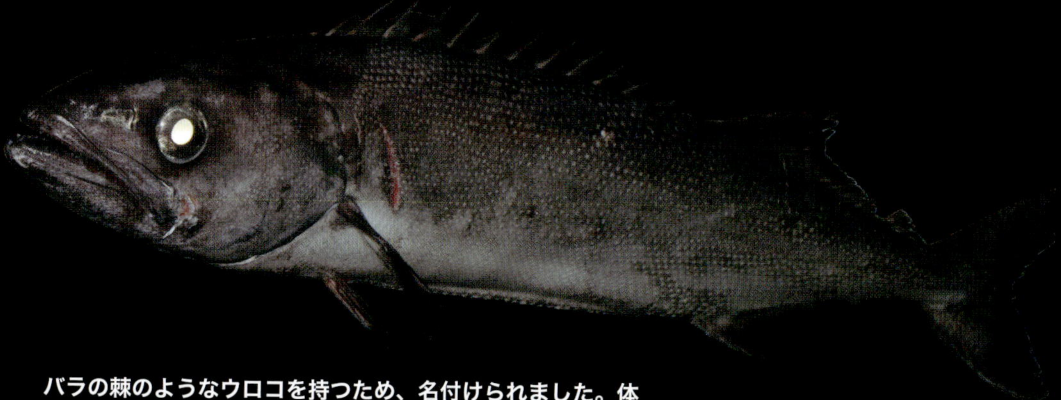

バラの棘のようなウロコを持つため、名付けられました。体内に人間には分解できない脂分を多く含み、食品衛生法で販売が禁止されています。引きが強く、釣り人に人気です。

生息水域 150～600m　全長 1000～1500mm

バラムツ
Ruvettus pretiosus

大きな口で小魚やエビなど何でも食べます。底曳き網漁では、まとまった数で漁獲されます。鱗が厚くて硬く、調理しにくいのですが、美味で沼津では「ごそ」の名で流通しています。

生息水域 150〜700m　全長 200〜300mm

ハシキンメ

Gephyroberyx japonicus

体色は薄いピンク色で、鱗を持たず水っぽい体をしています。胸ビレが味蕾（みらい）という、味を感じる器官になっていて海底のエビやカニなどを探して、素早く吸い込んで食べます。

生息水域 100〜600m　全長 150〜350mm

サケビクニン

Careproctus rastrinus

背眼は極めて大きく、体高が高く扁平した体をしています。稚魚は表層に暮らしますが、成魚になると深い岩礁域に棲みます。鮮やかな赤い体色に４～６本の白い横帯が入ります。

生息水域 30～250m

全長 100～300mm

クルマダイ

Pristigenys niphonia

背ビレの棘は非常に太く丈夫です。幼魚時は体に模様があり、周囲の環境に紛れ込んで浅い海に暮らしていますが、成長するにつれ模様も消え、深い海へと生活の場を移します。

生息水域 100～500m　全長 100～250mm

ツボダイ

Pentaceros japonicus

他のアンコウと同じように頭上に疑似餌を持ち、小魚をおびき寄せて捕食します。餌の少ない深海で、捕えた餌を逃さないように、口には小さな歯がびっしりと生えています。

生息水域 100〜500m　全長 150〜300mm

ミドリフサアンコウ

Chaunax abei

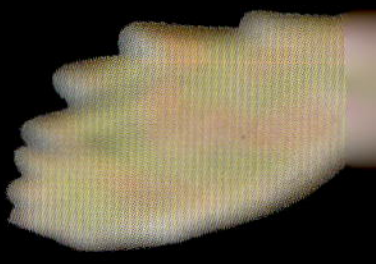

円盤のような体から出た胸ビレが、まるで足のように見えます。泳ぎは得意ではなく、ヒレを使って這うように移動します。漁師さんの間では「アカアンコウ」と呼ばれています。

生息水域 50〜500m
全長 150〜300mm

アカグツ
Halieutaea stellata

頭にあるエスカと呼ばれる突起で小魚などを誘い、海水と一緒に丸呑みしてしまいます。内側に向いた歯はとても鋭く、捕えた獲物を逃さないようになっています。

生息水域 30〜500m 全長 300〜700mm

アンコウ
Lophiomus setigerus

漢字で「輪抜け」と書くように、背中に輪紋が点在しています。胸ビレと腹ビレが発達し、まるで歩くかのように移動します。危険が迫るとヒレをたたんで尾ビレを振るようにして泳ぎます。

生息水域 200〜650m　全長 100〜150mm

ワヌケフウリュウウオ

Malthopsis annulifera

棒状の体型と、小さな頭から飛び出した大きな眼が「トンボ」を連想させることでこの名が付きました。砂泥地を這い回り、小さなエビや多毛類を餌として捕食しています。

生息水域 200〜500m　全長 100〜200mm

トンボイヌゴチ

Percis matsuii

体全体が、硬い骨板という板で覆われています。指のように変化した胸ビレとヒゲで匂いを嗅ぎわけ、２本の角のような突起を使って砂を掘り起し、餌を探し出します。

生息水域 150～400m　全長 100～200mm

キホウボウ

Peristedion orientale

脚のように変化した胸ビレの軟条を器用に使い、海底を歩くように移動します。軟条は味を感じる能力も備えており、砂の中の小型甲殻類や多毛類などの餌を探しあてることに役立てています。

生息水域 100〜300m
全長 100〜200mm

カナド
Lepidotrigla guentheri

「手繰り網」という底曳き網に似た漁法で採れる、紅の魚という意味で名付けられました。砂泥地に潜む小さな甲殻類などを、おちょぼ口でついばむように食べています。

生息水域 150〜300m　全長 100〜200mm

ベニテグリ
Foetorepus altivelis

底曳き網での漁獲が一般的となっています。色の美しさと美味であることで市場でも人気の魚です。卵胎生の魚で、卵ではなく、3～5mm ほどの赤ちゃんを産む魚として知られています。

生息水域 150～500m　全長 150～300mm

ユメカサゴ

Helicolenus hilgendorfi

各ヒレには鋭いトゲがあり、毒を持っています。深海では目立たない赤い体色と、海底の岩のような風貌でじっと獲物を待ち、近づいた小魚など一気に丸呑みにします。

生息水域 150～250m

全長 150～400mm

イズカサゴ

Scorpaena neglecta

カワハギの近似種で、硬い皮とじゅう毛状のザラザラした鱗に覆われています。底曳き網漁で捕獲されますが、水圧の変化で眼や腸が飛び出していることが多く、良い状態での確保は稀です。

生息水域 100～200m　全長 50～100mm

ベニカワムキ

Triacanthodes anomalus

七福神の恵比寿様が左手に持つ魚ということで名付けられました。そのため縁起の良い魚といわれ、地域によっては祝いの席で振る舞われます。全身がとても硬いガラス質の鱗で覆われています。

生息水域 50～200m

全長 150～400mm

エビスダイ

Ostichthys japonicus

細長く伸びた口で、プランクトンを吸い込むようにして食べます。群れをなし、普段は頭を下にして逆立ちしたような状態で暮らしています。敵から逃げる時は体を横にして急いで泳ぎます。

生息水域 50〜500m　全長 100〜200mm

サギフエ

Macroramphosus scolopax

喉の奥まで黒いため「ノドグロ」という流通名の超高級食材で知られています。底曳き網漁や釣りで捕獲されていますが、近年陸上養殖に成功し、養殖ノドグロの流通が期待されています。

生息水域 100～200m

全長 150～400mm

アカムツ

Doederleinia berycoides

眼の下の半月状の発光器に発光バクテリアが共生しています。発光器を半転させ光の明滅を演出します。光を発する理由については、餌を集めるため、仲間とコミュニケーションをとるためなど諸説あります。

生息水域 30～200m　全長 100～150mm

ヒカリキンメダイ

Anomalops katoptron

眼が大きく、吻に近いことが和名の由来となっており、キントキ（金時）＝赤を意味しています。白身で柔らかく非常に美味で食用としても流通し、秋から冬が旬とされています。

生息水域 100〜400m

全長 150〜300mm

チカメキントキ

Cookeolus japonicus

標準和名同様、光の当たり方によって眼が青緑色に輝くことで別名「メヒカリ」という名で呼ばれています。地元では塩焼きやから揚げとして、飲食店で利用されています。

生息水域 150～600m

全長 100～200mm

アオメエソ

Chlorophthalmus albatrossis

つるりとした丸い坊主頭が特徴の、おたまじゃくしのような風貌の深海魚です。体全体が滑らかなゼリー状の皮膚に覆われていて、海底で静かにじっとして生活しています。

生息水域 100〜500m

全長 100〜200mm

ボウズカジカ

Ebinania brephocephala

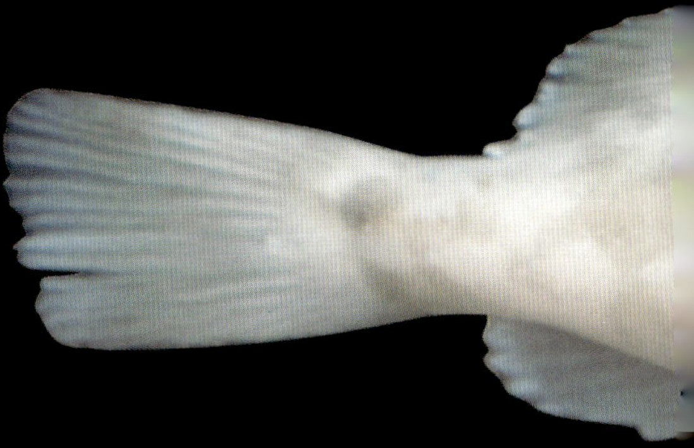

深海に生息していますが、秋から春にかけて産卵のために比較的浅場に移動してきます。成長すると40㎝程になります。練り物や惣菜の原料にとして利用されます。

生息水域 150〜650m　全長 250〜400mm

チゴダラ

Physiculus japonicus

刺激を受けると、体から大量の粘液（＝ヌタ）を出します。ヌタは海中で水分を素早く吸収してゼリー状にし、捕食目的で襲ってきた外敵の口やエラをふさぎ、窒息させてしまいます。

生息水域 100～1,000m

全長 300～500mm

ヌタウナギ

Eptatretus burgeri

爬虫類ではなく、魚類のウミヘビで、水深 200m 前後で捕獲されます。魚網の中で他の生物に噛み付くので、漁師さんに嫌われています。小型の生物や、腐肉を食べて生活しています。

生息水域 150～300m　全長 300～400mm

スソウミヘビ

Ophichthus urolophus

3億5,000万年という壮大な時の流れを生きてきた深海の旅人

発見から80年近く経った現在も、多くの謎を残し人々を魅了するシーラカンス。生命の進化の秘密が数多く詰まったこの冷凍個体と剥製を唯一見ることができるのが沼津港深海水族館です。ここでは、その発見秘話や不思議な体の仕組みなどを紹介！

ミュージアム内では、さらに詳しい展示により、その謎に深く迫ることができる

シーラカンス発見秘話

スミス博士へ
昨日、とても奇妙な魚を入手いたしました。トロール船から連絡を受け、すぐに見に行き、剥製を作ってもらうことにいたしました。本当にラフなスケッチですが、同封いたしました。カルムナ沖のトロールで獲られたこの魚が何の仲間であるのか、お教えいただければありがたいのですが。
この魚の体は、まるで鎧のように硬い鱗で覆われています。ヒレは四足動物のようで、ヒレの先端は房状になっていました。とげ状の背ビレですが、小さくて白い細い骨がうかがえます。赤いインキで書いた部分がそうです。
わずかこれだけのことからご判断いただくのは大変困難なことかと思いますが、先生のご意見をお聞かせいただければ幸いです。
コートニー・ラティマーより

ミュージアム内の展示パネル（上）と、ラティマー女史がスミス博士の送った手紙の文面（下）

1938年12月22日、南アフリカのイーストロンドンにある博物館に勤務するMarjorie Courtenay-Latimer（ラティマー女史）にトロール船からの電話が入ったことが始まりだった。さっそく港に駆けつけたラティマー女史は、この奇妙な魚を博物館へ持ち帰った。しかし、いろいろ調べてはみたものの、名前さえ分からない。そこで、彼女は魚類学の権威であるJames Leonard Brierley Smith（スミス博士）にスケッチを添えた手紙を送った。このスケッチをきっかけに、この魚は7，500万年も前に絶滅したと思われていたシーラカンスであることがわかった。
シーラカンスの学名は、1939年にスミス博士によって*Latimeria chalumnae*と名付けられたが、この*Latimeria*（ラティメリア）は、ラティマー女史の名前にちなんで名付けられたものである。

そして水族館へ…

シーラカンスはIUCN（国際自然保護連合）のレッドリストにおいて「絶滅寸前種」に分類されている。シーラカンスは1991年よりワシントン条約Ⅰ類に認定され、たとえ鱗1枚でも商業的な取引は世界的に禁止されている。シーラカンスを商業的に展示するためには、規制前に正規な形で国内に輸入されたことを示す「国際希少野生動植物登録票」が必要で、国内に存在する、登録票付きのシーラカンス５体すべてをこの水族館で展示している。

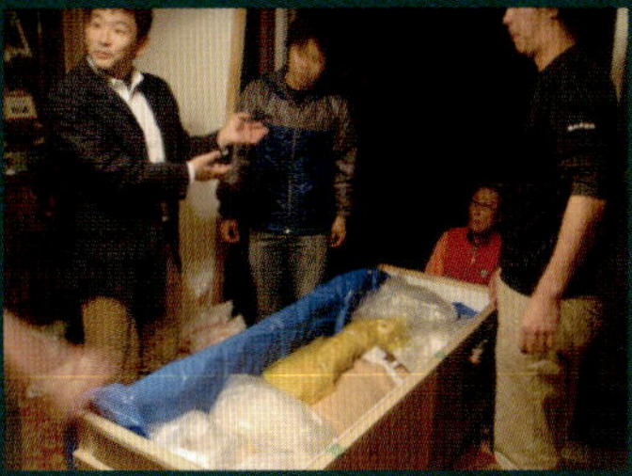

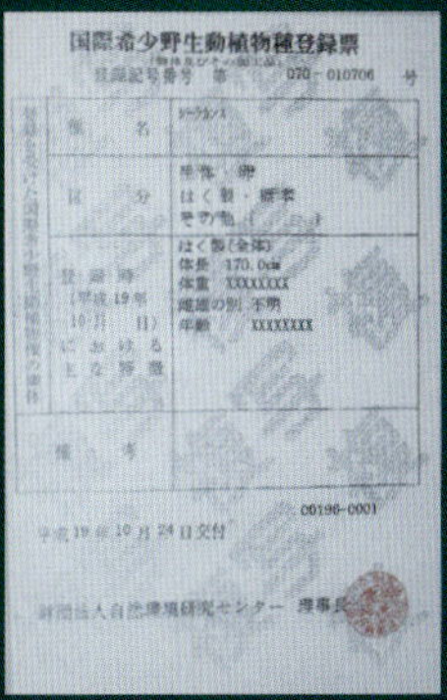
国際希少野生動植物種登録票
070－010706
シーラカンス
はく製（全体）
体長 170.0cm
体重 XXXXXXXX
雌雄の別 不明
年齢 XXXXXXXX
00196-0001

シーラカンスの冷凍個体が水族館に持ち込まれるにあたり、CTスキャンなどを行い、その体内の構造などを詳細に撮影した。シーラカンスを商業的に展示するには、左のような「国際希少野生動物登録票」が必要

シーラカンスの体の不思議

脊柱

背骨がない不思議な魚

シーラカンスの体には硬い背骨（脊椎）がない。その代わりに脊柱と呼ばれるホース状の管が頭骨から尾ビレ付近まで繋がっている。そして、この管の中は油のような流動体で満たされている。

尾ビレ

大きな尾ビレのように見えるのは、実は第３背ビレと第２臀（しり）ビレであり、尾ビレはその先端にある丸い小さな鱗の部分である。泳ぐときには胸ビレや腹ビレを使い、方向転換も器用に行う。

鱗

鎧のように硬い

コズミン鱗（りん）と呼ばれる特殊な鱗（うろこ）で全身が覆われている。この硬い鱗のおかげで、外敵から身を護ることが可能となった。現在、このコズミン鱗を持つ魚類は、シーラカンスとオーストラリア肺魚だけである。

シーラカンスは、限られたエリア内の水深200mから600m付近に生息している。昼間は岩棚などの中で複数個体のグループで暮らし、夜になると比較的浅場まで浮上し、餌を探す。深海は水温・水質の変化が小さい安定した環境であり、外敵も少ないことから地球規模の自然の変化にも耐えられたのではないかと考えられている。川や浅瀬に進出した仲間たちは、環境の変化に耐えられずに絶滅し、化石でしかその姿を知ることができない。

脳

体長170cm、体重80kgのシーラカンスの脳は、約5g

シーラカンスは、体重75～80kgという大きな体に似合わず、脳の重量はたった5gほどしかない。脳が入っている空間は、頭骸腔（ずがいこう）の1.5%しか占めておらず、周りは脂肪で満たされている。

浮き袋

浮き袋は、通常は気体で満たされているが、シーラカンスのものは海水よりも比重の小さな脂肪分が詰まっている。この脂肪を使うことで、深い海での浮力を調整している。

心臓

胸ビレのつけ根やや前方にある。体が大きいわりに小型で貧弱。

胸ビレ／腹ビレ

シーラカンスのヒレは10枚もある。特に胸ビレ、腹ビレには、他の魚類には見られないような丈夫な骨格と大きな関節が備わっている。そして、これらのヒレを器用に操って泳いでいる。このヒレに備えられた骨格こそが四肢動物へ進化するあかしであり、魚類が陸上へ進出したことを証明するものではないかと言われている。

深海に息づく古代生物

タカアシガニ

生きている化石と呼ばれる生物が深海に多数見られる理由の一つとして「深海は気候の変動に左右されにくい、安定した環境」であること、「種の分化のスピードが緩やかであること」などが挙げられる。2,500m もの最大水深をもつ駿河湾で捕獲される世界最大の節足動物であるタカアシガニは、カニ類の中でも古い種類で、1 属 1 種のみが現存している。さらにラブカは、古代ザメの特徴を多く兼ね備えていることから、生きている化石と呼ばれる種類の中で、希少種となっている。トリノアシと呼ばれる棘皮動物（ヒトデなどの仲間）も駿河湾で多く捕獲されているが、これも 5 億年ほど前に繁栄したウミユリを祖先に持つ有茎ウミユリ類で、古代生物の痕跡を多く残した生き物である。

シーラカンスの繁殖

シーラカンスは卵を産むのではなく、体の中で卵を孵（かえ）す「卵胎生」と呼ばれる方法で繁殖する。これに対して卵を産むものは「卵生」と呼ばれている。卵胎生魚類の赤ちゃんは、親と同じ姿をしており、泳ぎ回ることができるので安全に育つことができる。しかし、産まれてくる数は卵生の魚に比べると極端に少ないのも事実。以前に捕獲された個体の体内から見つかった卵の数は 30 個ほどで、大きさは直径 10cm を超えるまで大きくなる。お腹から産まれ出る赤ちゃんは 30cm ほどにもなるという。シーラカンスが現在まで生きてきた秘密は、この繁殖方法も大きな理由だったのかもしれない。

ミュージアム内で展示されている模型

ヒレが足へ進化した！？

シーラカンスは肉鰭（にくき）類に属している。陸上の動物はこの肉鰭類が進化したものと考えられ、胸ビレが前足に、腹ビレが後ろ足に変化したとされている。シーラカンスの胸ビレと腹ビレを最新の CT スキャンを使って調べたところ、一般的な魚とは異なり、大きな骨と関節を持っていることが分かった。そしてこのヒレが足へと変化したのではないかと考えられている。しかし、現在はシーラカンスと同じ肉鰭類の肺魚のほうがより陸上動物に近いのでは、という説が有力となっているようだが……。

日本の調査隊が捕獲

1980年代、日本シーラカンス学術調査隊（すでに解散）は、シーラカンスの遊泳映像を撮影することと、解剖研究する目的を持ってコモロ政府と長い交渉をしてきました。現地の漁師の協力を得て、釣り上げられ日本に持ち込まれた５体が国の許可を受けたことで、こうして公開されることになったのである。

生存する２種類のシーラカンス

現在、地球上には２種類のシーラカンスが生存している。アフリカ南東部に生息するラティメリア・カムルナエ（*Latimeria chalumnae*）とインドネシアに生息するラティメリア・メナドエンシス（*L.menadoensis*）である。この２種は､どちらもシーラカンス目（もく）のラティメリア属に属している。シーラカンスは現在28属、47科に分類されている。もちろん、現在の２種以外は化石で発見されたものであるから、実際にはもっと多くのシーラカンスの仲間がいた可能性は大きいと考えられている。ところで、これほど数多くのシーラカンスがかつては生存していたが、ペルム紀には海洋生物の96%が、中生代と新生代の間には、恐竜などを含めた地球上の生物の99%が絶滅してしまった。このような中、現存する２種のシーラカンスは比較的環境の安定した深海に生息していたため、現代まで生き残ることができたのではないかと考えられている。

シーラカンスが出現した「デボン紀」

約４億1,600万年前から約３億5,920万年前までの時期を指す。まだ恐竜などが出現する前で、「魚の時代」と呼ばれるほど、魚類の種類や進化が豊かな時代であったようだ。また陸上には昆虫も出現し、シダ状の葉を持つ樹木などが森を形成していた。シーラカンスも分化を繰り返し、浅瀬や川にまで生息域を広げていたようだ。しかし、大陸の移動や隕石の衝突、気候の大規模な変動が生き物に襲いかかる。

水族館内のデボン紀を再現した展示

古生代							中生代			新生代		
	5.42億年前	4.88億年前	4.44億年前	4.16億年前	3.59億年前	2.99億年前	2.51億年前	2億年前	1.46億年前	6500万年前	2300万年前	260万年前
先カンブリア時代	カンブリア紀	オルドビス紀	シルル紀	デボン紀	石灰紀	ペルム紀	三畳紀	ジュラ紀	白亜紀	古第三紀	新第三紀	新四紀

シーラカンスを守る特殊な冷凍保管庫

世界でも希少な２体の冷凍シーラカンス。この保管庫製作を手がけたのは三菱重工冷熱。これには愛知万博の冷凍マンモス庫の技術が応用されている。乾燥や霜から守るために、直接冷風が当たらないように工夫をし、マイナス20℃前後に保っている。また、冷やされた冷凍保管庫内と外気温の差により、ガラスが曇ったり水滴がつくことから防ぐために、透明なヒーターを入れた特別なガラスを採用している。見た目には、ただの六角形の箱にしか見えないが、冷凍のまま保存するためには、このように特殊な技術が詰まっているのだ。

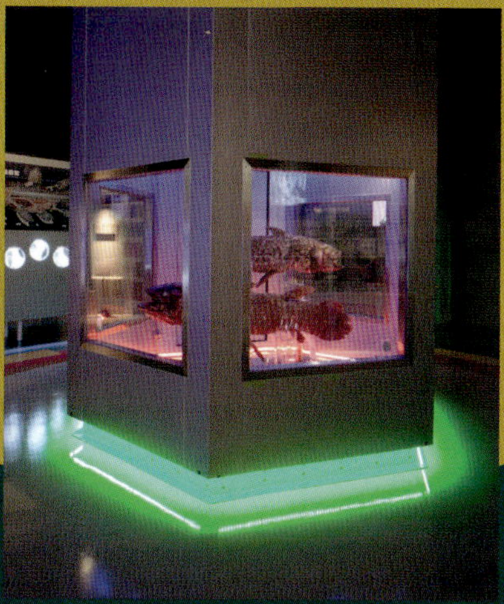

深海生物とシーラカンスの不思議

謎に満ちたシーラカンスと深海生物。
その進化の不思議や捕獲方法、世界が注目する駿河湾など、
いくつかの疑問にお答えします。
本ページを読めば、ほんのちょっと物知りになれるかも。

沼津港深海水族館では、深海生物ともシーラカンスとももまったく関係なさそうなハリモグラの展示も行っている。そこで「いったいなぜ？」との声をよく耳にする。その答えとなるテーマは「進化」。デボン紀から進化を止めてしまったシーラカンスは、魚類と両生類をリンクする謎を秘めている。ハリモグラは、鳥類と哺乳類を合わせた形質を持ち、卵を産む哺乳類なのである。両者とも、いったいどこで、そしてなぜ進化のわき道にそれてしまったのか。生き物たちの多様性？　それとも例外のないルールはないということなのか。多くの謎を残している。

Q ハリモグラとシーラカンス

コモロ諸島周辺にだけ生息していると思われていたシーラカンスだが 1997 年に 10,000km も離れたインドネシアで近縁種 *Latimeria mendoensis* が発見された。この発見によって、海にはまだまだ知られていない秘密がたくさん隠されていることがわかり、世界中を驚かせた。駿河湾の最深部 2,500m にはいったいどんな世界が繰り広げられているのだろうか。ひょっとしたらシーラカンス以上に世界中が驚くような生物が生息しているかもしれない。そして第 3 のシーラカンスが目の前の海で暮らしている可能性もゼロではないのである。

Q 駿河湾にシーラカンス？

日常的に駿河湾に接している人々は、思いのほかその凄さに気づきにくいのかもしれない。駿河湾は著名な水中カメラマンや海外のメディア、たとえばBBCやナショナル・ジオグラフィックなどが何度も足を運び、その魅力を広く世界に伝えている。駿河湾には世界最大のカニ、タカアシガニや古代から生き続ける深海のサメ、ラブカやメガマウスなどが生息し、「進化とは何か」「生命とは何か」について学ぶことのできる世界的にも貴重な海であることは間違いないだろう。

Q 世界が注目する駿河湾

深海生物の多くは駿河湾の底曳き網漁により捕獲している。しかし、捕獲したあとの船上でのケアも非常に重要である。船上で選別された深海生物は、新鮮な海水と酸素で満たされたビニール袋に1個体ずつ収容され、保冷容器へと移される。この容器の水温は、深海の生息域と同じ 10 ～ 12℃に保たれている。さらにすべての過程において注意しなければならないのが、深海生物が経験したことのない太陽の光にさらされることである。ていねいに、そしていかに短時間で遮光された保冷容器に収容できるかが深海生物のストレスの軽減につながるとともに、長期の飼育展示に大きな影響を与えるのである。

Q 捕獲後の船上でのケア

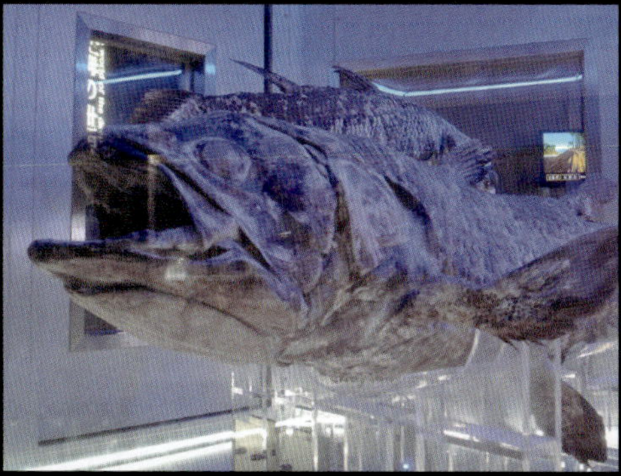

貴重なシーラカンスを食べるなんてもってのほかと考えるかもしれないが、実際に食べた研究者もいるようだ。その結果は、脂が多く味がまったくないため、食用には適さないとのこと。現地の漁師たちも「食えない魚」と呼んで、決して食用にはしなかったようだ。シーラカンスを試食した有名な魚類学者は「歯ブラシを食べているようだ」との感想を残しているほど。いったい歯ブラシの味とはどんなものか、この感想にも疑問が残るが、いずれにしても食用に適さなかったことも彼らが生き延びてこられた要因なのかもしれない。

Q シーラカンスの味？

牡丹の花のような赤色をしていることから名付けられました。生まれたときは全てがオスで、成長に伴って大型のものがメスへと性転換する雄性先熟という特徴を持っています。

生息水域 300～500m

体長 100～150mm

ボタンエビ

Pandalus nipponensis

和名の「ミノ」は蓑などで編んだ雨具の蓑（みの）のことを指します。たくさんのトゲとごつごつした硬い殻を用いて、外敵から身を守っていると考えられています。

生息水域 300～500m　体長 70～100mm

アカモンミノエビ

Heterocarpus sibogae

日中は水深 300m 位に棲みますが、夜間は餌となるプランクトンを追って水深 30m 付近まで移動します。生きている時は体が透けていますが、干した状態では赤ピンク色になります。

生息水域 50〜300m　体長 40mm

サクラエビ

Sergia lucens

腹部から尾部にかけてＳ字状にロックできる、変わった体の作りをしています。非常に硬い殻と、鋭い突起を持ち、沼津周辺では「カブト（兜）」の名で呼ばれています。

生息水域 300〜700m　体長 100〜120mm

トゲヒラタエビ

Glyphocrangon hastacauda

一番前にあるハサミ脚は体長ほど長く、きれいに折りたたんでいます。10 本中、8 本の脚がハサミ脚になっており、そんな姿が千手観音を想像させることで名付けられました。

生息水域 150〜2,000m

体長 100〜200mm

センジュエビ

Polycheles typhrops

クボエビ

Puerulus angulatus

小型のイセエビの仲間で、深海の砂泥地に生息しています。発音器を持っており、音を立てることができます。ヒゲなどが完全な状態で捕えられるのは非常に稀です。

生息水域 100～400m

体長 150～200mm

ザリガニの近似種で、全身が細かい白い毛で覆われています。眼はかなり小さく退化し、その代わりに発達した長いヒゲを小刻みに動かすことで視力をカバーしています。

生息水域 300〜800m　体長 150〜250mm

オキナエビ

Nephropsis stewarti

お腹を内側に折りたたむようにしていることから「腰折エビ」と呼ばれています。背面側は鮮やかなオレンジ色をしていますが、腰折れ下部の色素は欠損し、白くなっています。

生息水域 100〜450m

甲長 80〜130mm

オオコシオリエビ

Cervimunida princeps

ザリガニに近い仲間で、砂泥地の海底に穴を掘って暮らしています。とても美味で、「手長エビ」という名前で、フランス料理などの高級食材として扱われています。

生息水域 200〜400m

体長 150〜300mm

アカザエビ

Metanephrops japonicus

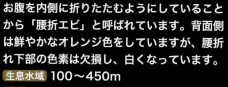

漁獲されること自体が非常に少なく小型で地味な体色ということもあり、乗船時以外では手に入らない珍しいエビです。右側のハサミが長いため、長手（オサテ）と名付けられました。

生息水域 300〜400m　体長 150〜200mm

ドラゴンオサテエビ

Thaumastocheles dochmiodon

頭部の先端にある角の中央が、赤色をしていることからこの名が付きました。エビとついていますが、ヤドカリの仲間です。比較的体の小さい、深海に棲むコシオリエビの仲間です。

生息水域 180〜800m　甲長 40mm

アカツノチュウコシオリエビ

Munida andamanica

外見は一般的に食用とされるイセエビに似ていますが、頭胸甲の断面が五角形であることと、第2触覚が後方に曲げられず、常に真っ直ぐ前方に突き出している姿が特徴的です。

生息水域 20～300m

体長 300～400mm

ハコエビ

Linuparus trigonus

甲羅や歩脚全体を長いトゲが覆うように発達した、深海性ヤドカリの仲間になります。捕獲数がかなり限定的なためか、食用として流通することはほとんどありません。

生息水域 500〜1,000m　甲幅 150mm

ハリイバラガニ

Lithodes longispina

和名は貿易商で博物学者のアラン・オーストンに由来します。小型のクモガニ科の深海性のカニで、刺し網漁や底曳き網漁にかかってきますが食用として利用されていません。

生息水域 150〜400m　甲幅 30mm

オーストンガニ

Cyrtomaia owstoni

オーストラリア南部にだけ生息し、成長すると 17.6kg になる世界最重量のカニです。オスの右のハサミ脚は特別に大きくなり、頑丈な貝を割って中身を食べています。

生息水域 50～520m　甲幅 200～420mm

キングクラブ

Pseudocarcinus gigas

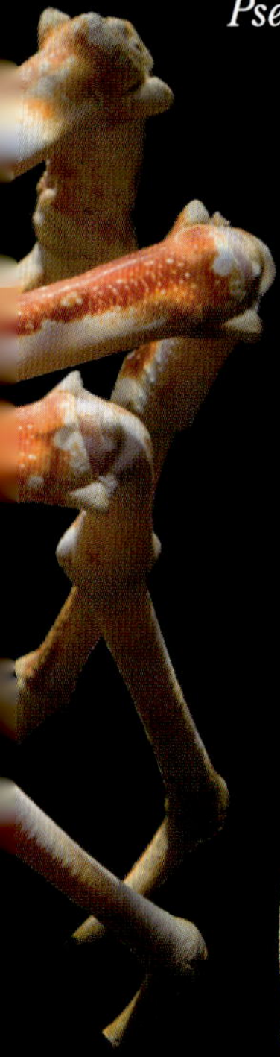

一番後ろの鍵状の蹴上げた脚に、様々な生物やゴミなどを背負う習性があります。自分の体を隠したり、毒性のあるものを背負うことで身を守るためと考えられています。

生息水域 150～300m

甲幅 50～70mm

ヒラホモラ

Homolomannia sibogae

オスは脚を広げると 3m 以上に成長する世界最大のカニです。メスはその半分の大きさにしかなりません。とても獰猛で力が強く、長い脚を巧みに使い、サメをも襲って食べてしまいます。

生息水域 250～650m　甲幅 150～400mm

タカアシガニ

Macrocheira kaempferi

左右で形の違うハサミを持っています。この脚の形は缶切りと同じような働きをしており、ハサミ脚のこぶに巻貝を固定させながら上手に割って食べるのに役立っているようです。

生息水域 100〜400m　甲幅 50〜100mm

コツノキンセンモドキ

Mursia danigoi

贈答品や、のし袋につけられている飾り紐の水引のように細くて長い脚を持っています。底曳き網でまれに採集されますが、全ての脚がそろったものが生きて展示されることは珍しいです。

生息水域 50～300m　甲幅 15mm

サナダミズヒキガニ

Latreillia valida

カニと言う名前がついていますが、ヤドカリの仲間です。漁獲量は多くありませんが、その身は甘く、ミルクのような香りがすることから、「ミルクガニ」とも呼ばれ、食用とされています。

生息水域 700～1,000m　甲幅 150mm

エゾイバラガニ

Paralomis multispina

猿猴（エンコウ）とは猿を総称する言葉になります。大きく伸びる雄のはさみ脚が猿の腕を連想させることから名付けられました。食用とされず、漁師の間では厄介者扱いをされています。

生息水域 30～220m

甲幅 100mm

エンコウガニ

Carcinoplax longimana

体の全体に鋭い小さな棘（とげ）がたくさんあります。魚のハリセンボンのように、針の数が多いのでこの名前が付けられました。小型のカニで食用に流通することはありません。

生息水域 180～300m

甲幅 40～60mm

ツノハリセンボン

Pleistacantha oryx

長い脚を持つクモガニの仲間ですが、後方の３対の歩脚は平たく、貝殻質の砂泥地に素早く潜るのに適した構造をしています。１番目の歩脚の内側に並ぶ鋭いトゲで獲物を仕留めます。

生息水域 180〜800m

甲幅 30mm

ヒラアシクモガニ

Platymaia alcocki

一番後ろの脚を甲羅後方上にはね上げるようについており、脚の先端はカギ状になっています。この脚で貝殻や海綿などを背負い、身を護っています。時には生きた棘皮動物なども背負います。

生息水域 250～380m

甲幅 100～150mm

テナガオオホモラ

Paromola macrochira

体が栗のイガのような棘で覆われた深海性のヤドカリの仲間になります。網から外しにくいことで、漁師さんに嫌われます。棘が鋭く調理しにくいため、あまり食用にもなりません。

生息水域 200〜400m　甲幅 70〜150mm

イガグリガニ

Paralomis hystrix

紅色のデコボコとした凹凸のある甲羅が特徴的です。甲羅の前方や脚に細かい毛が多く生えています。「サガミ」の名がつきますが、相模湾以外の各地の深海に広く生息しています。

生息水域 230〜650m　甲幅 50〜80mm

サガミモガニ

Pugettia sagamiensis

小型のタラバガニの仲間になります。その姿はとてもユニークで、甲羅はデコボコしたサガミモガニのように見えますが、脚はイガグリガニのように房状のトゲに覆われています。

生息水域 200～400m　甲幅 40～50mm

オダワラフサイバラガニ

Lopholithodes odawarai

タラバガニ科の深海性のヤドカリになります。底曳き網漁では必ずと言っていいほど、雄雌が１対で捕獲されることから「夫婦ガニ」と呼ばれ珍重されます。

生息水域 250～1,100m　甲幅 150～230mm

イバラガニモドキ

Lithodes aequispinus

ウミヒドラの一種「イガグリガイ」の群体がついた貝殻を背負います。ヤドカリの成長と共に、もとの貝殻よりも大きな出入り口を作るため、宿を変える必要がありません。

生息水域 30〜300m　甲長 5〜15mm

イガグリホンヤドカリ

Pagurus constans

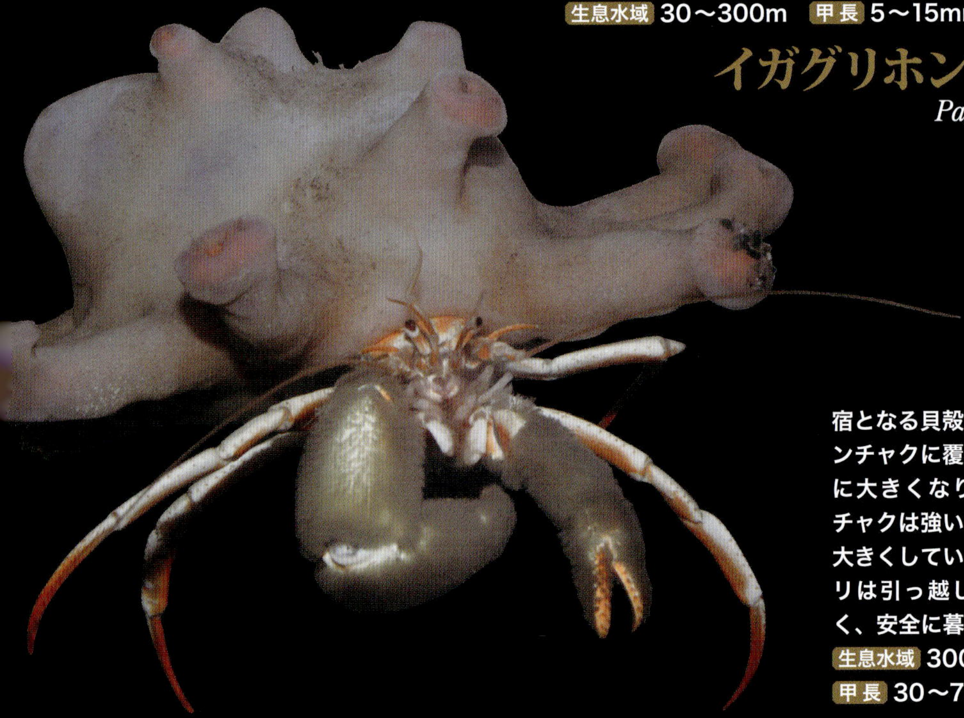

宿となる貝殻は深海性のスナギンチャクに覆われ、成長とともに大きくなります。スナギンチャクは強い毒性を持ち、宿を大きくしていくことで、ヤドカリは引っ越しをする必要もなく、安全に暮らせます。

生息水域 300〜3,000m

甲長 30〜70mm

アシボソシンカイヤドカリ

Parapagurus furici

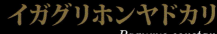

イカやタコに近い仲間ですが、獲物を感知すると約 90 本の触手を伸ばします。硬い殻は身を守るのに役立ちますが、実験で水深 600m を超えると、殻が割れてしまうことがわかりました。

生息水域 100〜600m　殻径 150〜250mm

オウムガイ

Nautilus pompilius

外套膜の腹側に銀色の帯状の部位を持つ、3cm程度の小型のイカです。2013年、水族館において刺激を受けた時にスミと一緒に発光液を吐き出すことが確認されました。

生息水域 150〜200m

外套膜長 35〜40mm

ギンオビイカ

Sepiolina nipponensis

全身が白く透き通っていることと、長い触腕をだらりと下げてゆったり海中を漂う姿からこの名が付きました。太くて長い４対目の腕には多数の発光器と吸盤があります。

生息水域 200～600m

外套膜長 250～350mm

ユウレイイカ

Chiroteuthis picteti

名前の通り、眼の上に２本のツノ状の突起を持っているのが特徴です。沼津では、トロール船（底曳き網船）で採れるタコということで「トロダコ」と呼ばれ、食用とされています。

生息水域 200～600m　**体長** 200～400mm

ツノモチダコ

Octopus tenuicirrus

通常のタコと違って、墨袋を持っていません。また、耳のように見える肉ヒレをパタパタ動かしたり、足の半分以上を覆っているスカート状の膜を開閉しながら海中を泳いだりします。

生息水域 200～1,000m　体長 100～250mm

メンダコ

Opisthoteuthis depressa

背腹の左右両面には、平たく翼状の縦張助が張り出しており、貝の形状の大きな特徴となっています。強い潮流に流されないために適応しているように考えられます。

生息水域 50〜200m　殻径 50mm

マツカワガイ

Biplex perca

貝ではなく、浅い岩礁域に見られるカメノテやフジツボの近似種になります。硬いプラスチックのような頭部から蔓脚（まんきゃく）と呼ばれる触手でプランクトンを捕まえます。

生息水域 50〜500m

体長 100〜150mm ♀

ミョウガガイ

Scalpellum stearnsi

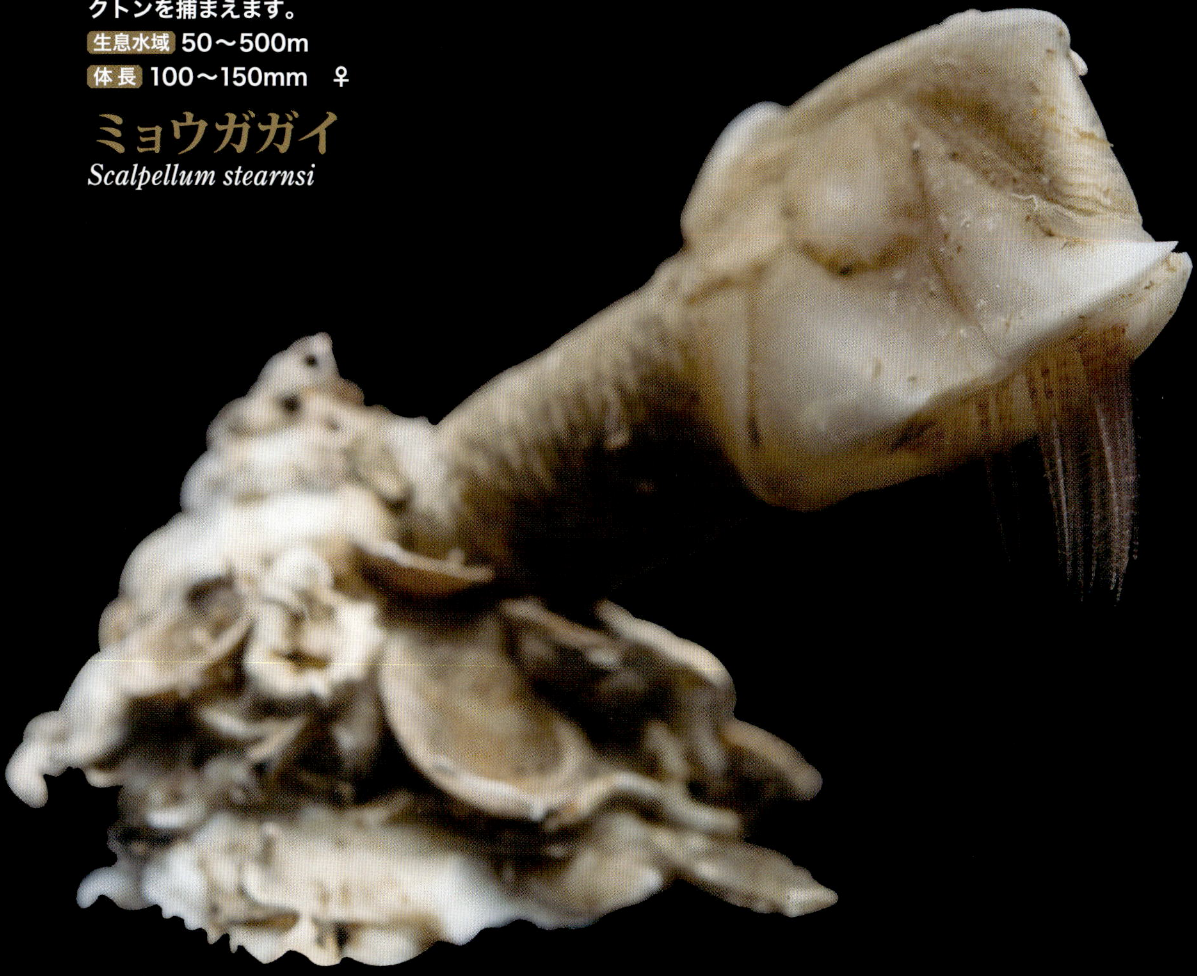

自分の殻に、落ちている小石や貝殻などを付ける習性があります。これは、自分の殻の補強や、泥に沈みにくくするためなどといわれていますが、はっきりとした理由は分かっていません。

生息水域 100〜300m　殻径 70mm

クマサカガイ

Xenophora pallidula

銀色の真珠層がきれいな円錐状の貝殻を持つ貝の仲間です。漁獲量がとても少なく、市場には出回らないものの、美味な貝とされて漁師の間では食べられています。

生息水域 50～400m

殻径 40mm

ギンエビス

Ginebis argenteonitens

きれいに何度も巻いてあるかのような貝殻の形状から、漢字で「千巻」と書き、この和名が付けられました。殻が薄く割れやすいため、綺麗な状態で捕獲されることは稀です。

生息水域 200～400m　殻長 70～90mm

チマキボラ

Thatcheria mirabilis

メキシコ湾に生息し、体長は最大で50㎝にまで成長する世界最大の等脚目（ダンゴムシの仲間）です。水族館での飼育環境下では５年を超える絶食を続けたことで話題になりました。

生息水域 350〜900m　体長 180〜400mm

ダイオウグソクムシ

Bathynomus giganteus

陸上で見られるフナムシやダンゴムシに近い種類の生き物で、海底の腐肉等を食べあさる習性から「深海の掃除屋」と呼ばれています。危険を感じると、口から胃の内容物を吐き出します。

生息水域 150〜500m　体長 100〜150mm

オオグソクムシ

Bathynomus doederleinii

小型のオオグソクムシの仲間ですが、ダイオウグソクムシのような腐肉食ではなく、大型の魚などに寄生して血液を吸います。満腹になると魚から離れ、海底で消化を待ちます。

生息水域 100〜800m　体長 20〜40mm

メナガグソクムシ

Aega antillensis

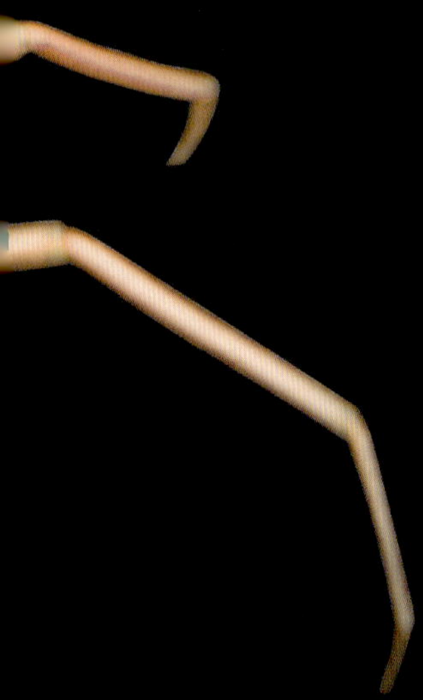

透明な寒天質の体の中は赤紫色の体色をしています。深海においては赤系の色は吸収されやすく目立ちません。刺激を受けると生物発光することが知られています。

生息水域 250〜700m　傘径 100〜200mm

ムラサキカムリクラゲ

Atolla wyvillei

内臓や生殖腺が胴体に入りきらず、脚の中にまで入っています。他の生物の体液を吸って生活しています。名前にクモと付いていますが、クモの仲間ではありません。

生息水域 150〜500m　全長 100〜120mm

ヤマトトックリウミグモ

Ascorhynchus japonicus

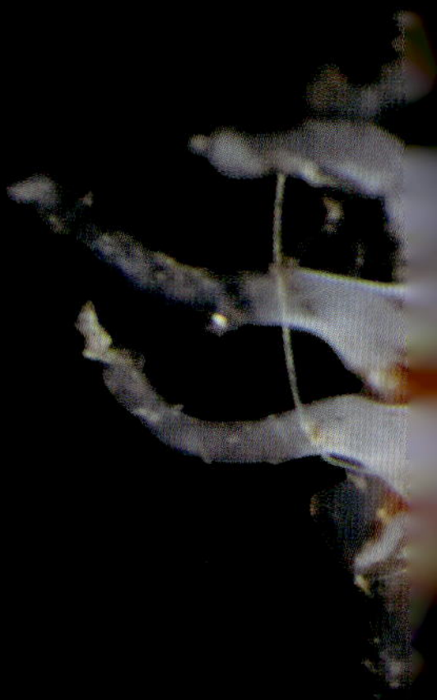

現生のウニの中で、最も原始的なオウサマウニの仲間です。殻の上側のトゲが発達しないため、この名が付きました。身がほとんどなく、食用にはされません。

生息水域 150〜300m　全長 50〜100mm

ボウズウニ

Stereocidaris japonica

名前のとおり、白い殻とトゲ、半透明の長い管足が特徴です。白以外の色彩を持つ個体の報告例はありません。殻の中身はほとんどなく、食用には向いてません。

生息水域 200〜1,800m

殻径 70〜100mm

シロウニ

Echinus lucidus

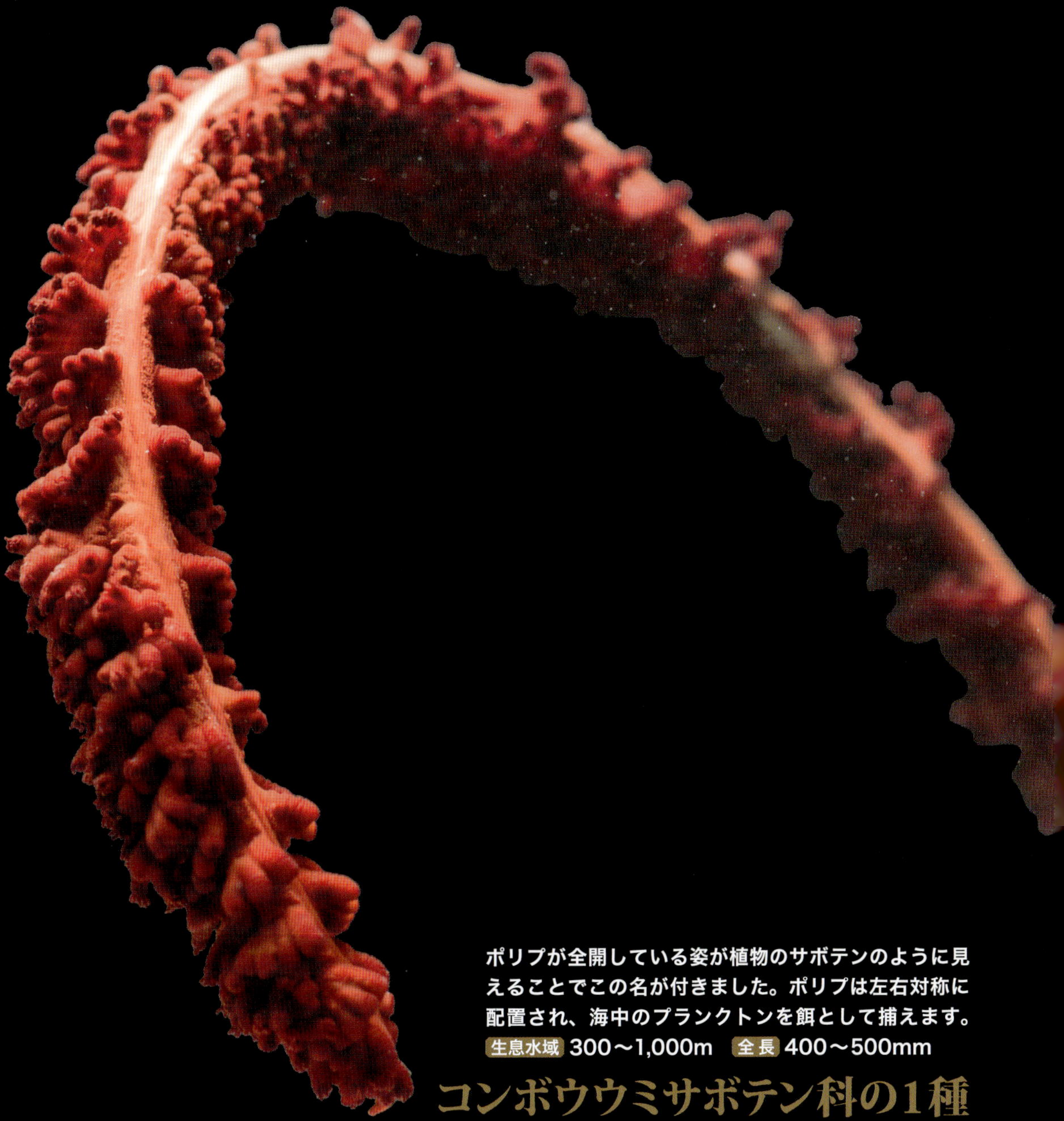

ポリプが全開している姿が植物のサボテンのように見えることでこの名が付きました。ポリプは左右対称に配置され、海中のプランクトンを餌として捕えます。

生息水域 300〜1,000m　全長 400〜500mm

コンボウウミサボテン科の1種

Kophobelemnidae sp.

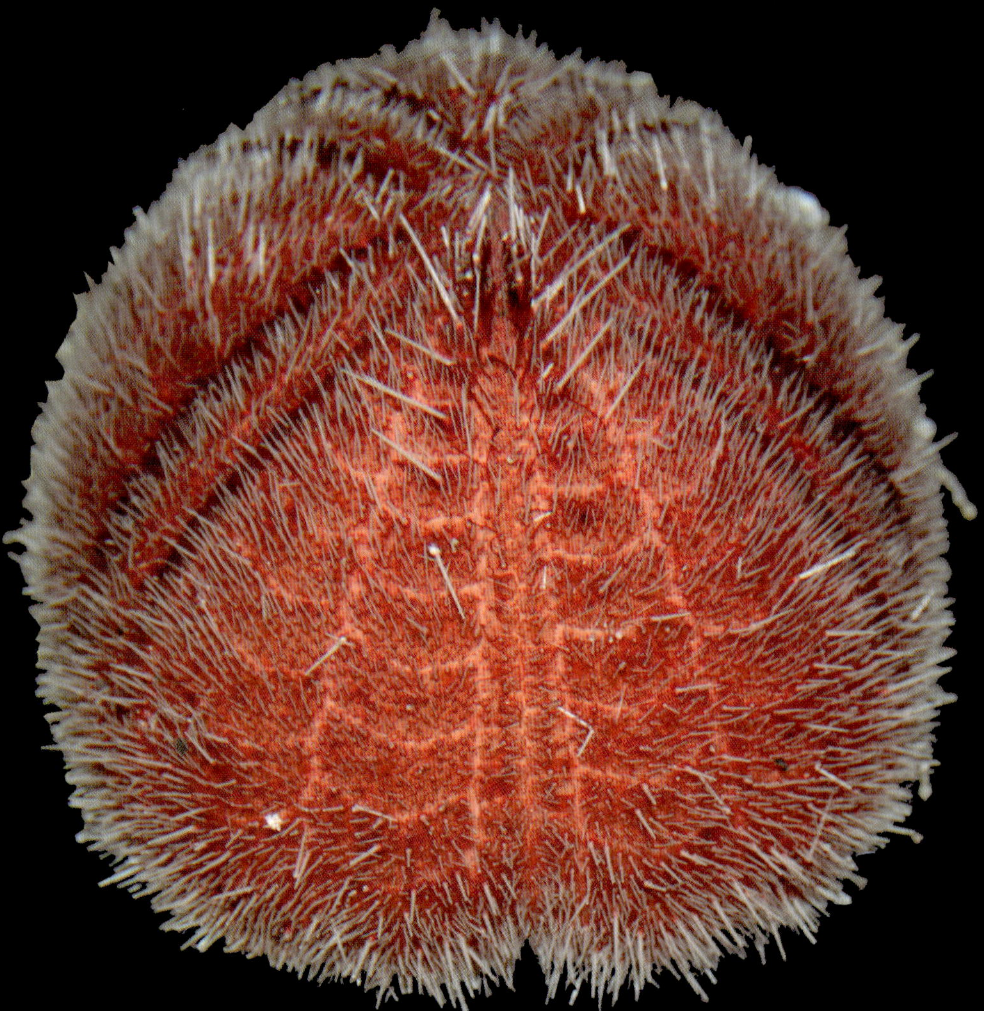

「ブンブクチャガマ」というウニの一種で、深海にのみ生息しています。ウルトラは大型のウニを意味します。棘を上手に動かして、海底の砂の中に潜って暮らしています。

生息水域 600〜1,600m　**直径** 150mm

ウルトラブンブク

Linopneustes murrayi

深海性のウニでカシパンの仲間です。形状が富士山を連想させることで名付けられました。殻はもろく、弱ると殻内部から緑色の体液が外側に浸透し、殻の色が緑色に変色します。

生息水域 50～600m　殻幅 50～100mm

フジヤマカシパン

Laganum fudsiyama

深海に棲む大型のウニの仲間です。袋のような柔らかい殻を持つため、この名前が付けられました。トゲには猛毒があります。稀に小型のエビやカニが共生している姿も見られます。

生息水域 70～200m　直径 200～250mm

オーストンフクロウニ

Araeosoma owstoni

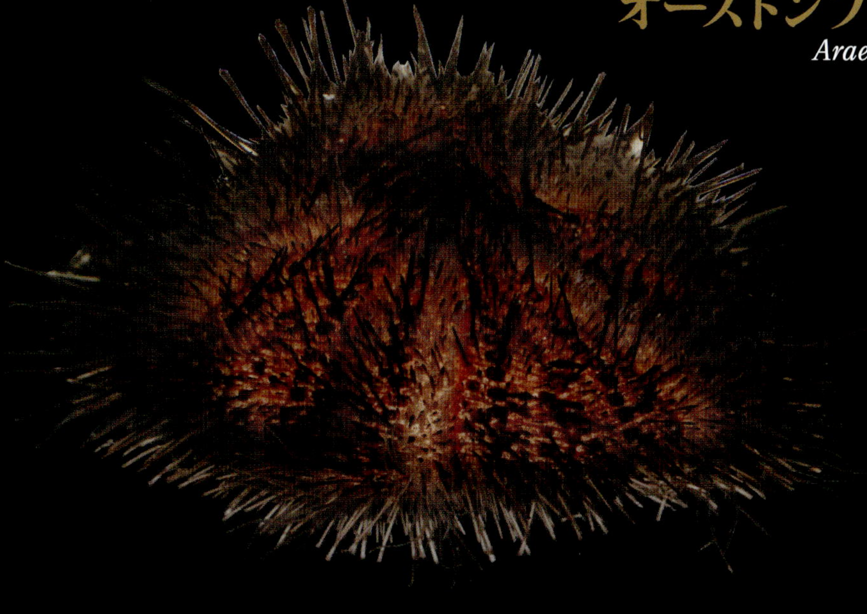

体内の臓器が透けて見えるほどの半透明な体を持ち、動きはとても緩やかです。水族館の水槽内では、刺激を受けると体の上部が青白く発光することが観察されました。

生息水域 100〜700m　**体長** 50〜100mm

ヒメカンテンナマコ

Laetomogone maculata

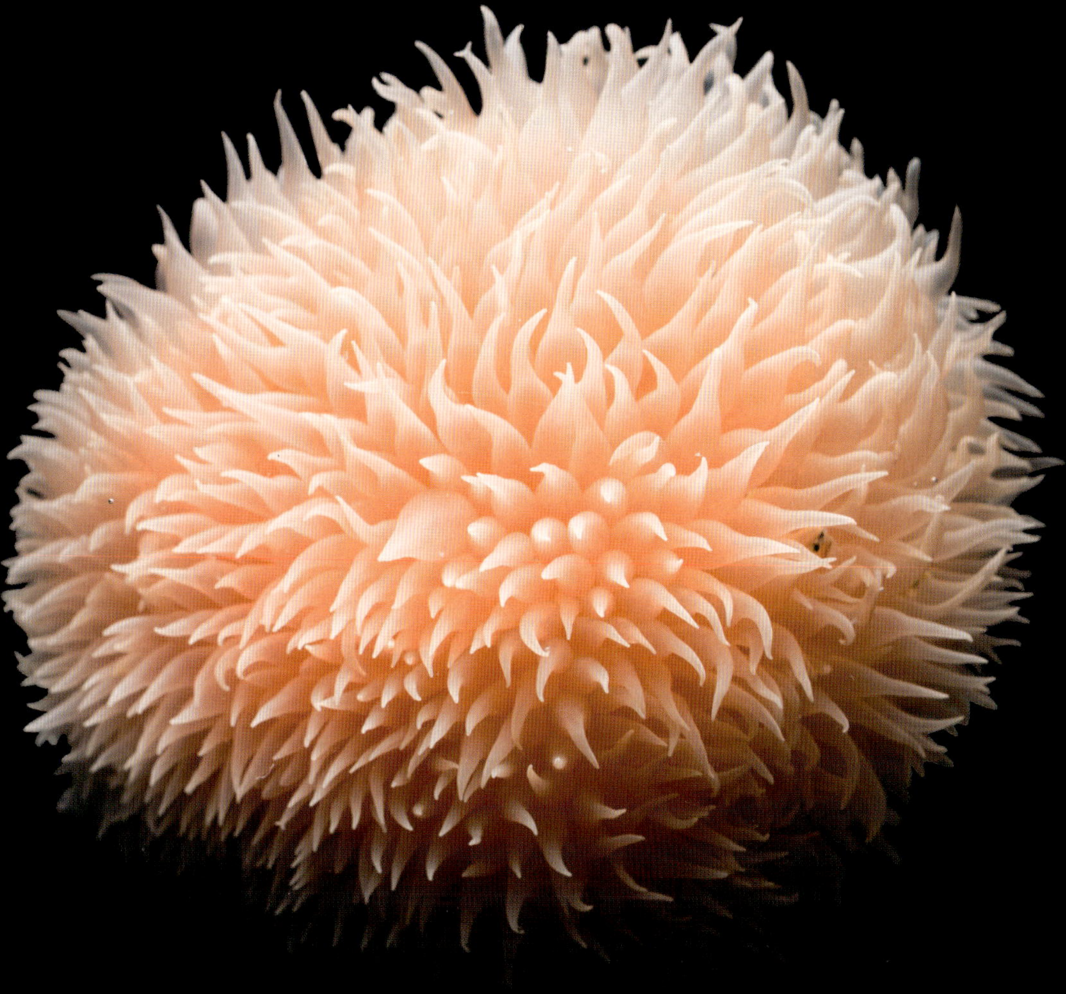

ダリアの花のように見えることから名付けられました。捕獲数も少なく、体が非常に柔らかいため飼育も難しいイソギンチャクです。丸くなり転がりながら移動するといわれています。

生息水域 300～1,000m　**直径** 100～200mm

ダーリアイソギンチャク

Liponema multicornis

1904年に採集されて以来、約110年ぶりに東京湾で再発見された深海のイソギンチャクです。和名は採集者のドフライン博士に由来します。2014年に駿河湾の底曳き網漁で捕獲されました。

生息水域 200〜400m　直径 200〜300mm

ドフラインイソギンチャク

Exocoelactis actinostoloides

深海性のサンゴの仲間で、砂泥地に少し埋もれた状態で生活しています。何らかの刺激を感じると、大量に海水を吸い込み軟体部を水風船のように大きく膨らませる姿が観察されます。

生息水域 80〜680m　**殻径** 50〜80mm

キンシサンゴ

Flabellum deludens

丸い体を支えるように長く伸びた、脚のような骨格を持つ深海性のサンゴです。体が横転しないように支えたり、泥の中に体が埋もれないようにしたりするのに役立っています。

生息水域 300〜600m

直径 30〜40mm

アシナガサラチョウジガイ

Stephanocyathus spiniger

腕の長いクモヒトデの仲間です。通常のクモヒトデは砂の上で生活しますが、このクモヒトデは、サンゴの仲間（ヤギ）に絡み付いて暮らしています。非常に珍しく、詳しい生体はわかっていません。

生息水域 300～800m　腕長 300～400mm

タコクモヒトデ

Ophiocreas caudatus

ヒトデの仲間で、5 本の腕がありますが、その腕が細かく枝分かれをしています。クモの巣のように大きく腕を広げて、海中を漂う動物性プランクトンを捕えて食べています。

生息水域 50～1,000m

腕長 200～400mm

ツルボソテヅルモヅル

Astrodendrum sagaminum

体が厚く星形の５本の腕を持っていますが、個体によって柄や色彩はさまざまです。本来は砂泥地に棲みますが、時に浅場の岩礁域で発見されることがあります。刺激を受けると大量の粘液を出します。

生息水域 15～730m

腕長 50～100mm

カスリマクヒトデ

Pteraster tesselatus

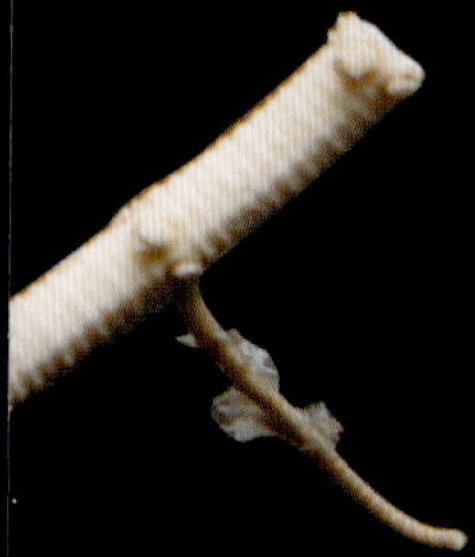

8～12本の太い腕が放射状に伸びています。その姿が「日輪」を連想させるということでこの名が付きました。海底に横たわる魚や甲殻類などの死骸を食べて暮らしています。

生息水域 200～700m　腕長 150～300mm

ウチダニチリンヒトデ

Solaster uchidai

一見すると植物のようですが動物の仲間です。羽根のような触手を広げて、プランクトンを捕えて食べます。5億年も前から姿を変えずに生きている「生きた化石」の一つです。

生息水域 100～500m　体高 500mm

トリノアシ

Metacrinus rotundus

東京湾の水深 200m 以深の刺し網漁で岩に複数付いた状態で網に多くかかりますが、食用になりません。2 枚貝にも見えますが、腕足（わんそく）動物の仲間で貝の仲間ではありません。

生息水域 50～500m　殻幅 30mm

ウミホオズキチョウチン

Laqueus blanfordi

深海生物人気BEST 10

沼津港深海水族館で展示している人気の深海生物をご紹介。当館にお越しの折は、ぜひご覧ください。

1位 メンダコ

耳をバタバタ動かし、スカートのような脚を広げることで浮力を得る。

2位 ダイオウグソクムシ

海底に横たわる魚の死骸などを食べることで、「海の掃除屋」と呼ばれる。

3位 ヒカリキンメダイ

眼の下にある半月状の発光器に共生しているバクテリアが光る。

4位 サケビクニン

体色はピンク色で、ブヨブヨのやわらかい体をしたコンニャクウオ属の魚。

5位 ミドリフサアンコウ

アンコウの仲間のなかでも、カラフルな色彩と模様をもった人気者。

6位 オウムガイ

硬い殻を持っているが、実はイカやタコの仲間なのだ。

7位 タカアシガニ

脚を広げると最大で 3m を超える世界最大のカニ。存在感バツグン。

8位 ヌタウナギ

敵に襲われたときに大量のヌタ（粘液）を出し、相手を窒息させたりする。

9位 キホウボウ

下あごから伸びたヒゲと、胸ビレを使って砂泥の中から餌を探し当てる。

10位 ベニテグリ

下向きの小さなおちょぼ口で小さなエビをついばむように食べる。

飼育員に聞きました

沼津港深海水族館の現場を支える飼育員。
謎の多い深海生物の命を預かる仕事の可能性と難しさをお聞きしました。それぞれの担当仕事やお気に入りの生き物の話など、普段あまり知ることのできない事柄が盛りだくさん。

飼育長
塩崎 洋隆

私は飼育長という立場、全体を見渡していくのも一つですが、直接の担当としては駿河湾水槽、ヒカリキンメダイの水槽、そしてハリモグラの飼育を担当しています。駿河湾水槽はなにしろ生き物がたくさん暮らす大きな水槽ですので、およそ２か月に１度の頻度の定期的な水替え行うなど、やるべきことが多く手がかかります。すべてを入れ替える場合、13トンもの水が必要になります。駿河湾水槽の水温は 13℃ほどで管理しています。冬場は比較的容易に交換できますが、夏場は交換する水の水温も25℃ほどまで上がってしまうため、業者の方になるべく冷たい水を用意していただくなど、工夫が必要になります。また冷やすためにその分、費用もかさみます。メインのタカアシガニには週に１回ほど、主にイカを餌にして与えています。

苦労している点としては、やはり深海生物を展示まで導くことがやはり大変です。捕獲ということに限っていえば、水族館は駿河湾沿岸という非常に恵まれた環境にありますが、深海に暮らす生き物をなるべくストレスなく水槽内で展示するために照明の工夫などが必要になります飼育員の担当替えも定期的に行っています。これは館長や副館長の方針でもあります。飼育員が特定の分野にだけ携わるのではなく、飼育員がまんべんなくすべての水槽を担当していくことで、技能を向上させることができるとともにお互い情報を共有することができるようになるからです。担当する水槽が変われば、与える餌の内容や回数も当然変わってくるわけですから大変なことが多いですが、新たな発見も数多くあります。

たとえばオキナエビは飼育が難しく、飼育を始めた頃はせいぜい１～2週間ほどしか生存させることができませんでした。いったい何が原因なのか当初は分かりませんでしたが、やがて他の生物の水槽より水温をわずかに低くするとよいことが分かりました。また、ヒトデを食べるという情報もありましたが、サクラエビを与えたところよく食べるようになりましたオキナエビは目が退化しているため、餌を探しあてる際、フサフサしたハサミを器用に使い、形を確かめるように食べる姿を見ることができたのは新しい発見でした。このように飼育の難しいオキナエビを、試行錯誤を繰り返し、いまでは１年以上、飼育できるようになりました。

飼育主任
山野辺 愛

私は大学の水産学部を卒業したあと、1年間、別の会社に勤めましたが、その後ブルーコーナーに入社しました。入社後は、水族館への営業を2年間ほど行ったあと、飼育員として働くことになりました。現在は、「ヘンテコ生き物」コーナー、メンダコやグソクムシ、オキナエビなどを担当しています。なかでもメンダコは飼育が難しく、水族館で1か月間生きれば長い方です。環境の変化に敏感で、餌を食べるまで落ち着かせるまでが大変です。

月に1回くらいのペースで生き物を捕獲する船にも乗ります。仕事のやりがいとしては、やはり飼育方法の確立していない生き物を手探りで飼育していく点です。水槽にも工夫があり、靴のような特殊な形をしています。メンダコがなるべく落ち着けるように底面を広くとり、またお客様が上から見たり横から見たりもできるように、このような形になっています。

私のお気に入りはボウズカジカです。漁師の方からいただいてきてから飼育に携わり、いまでは餌をやるときに近づいてくるようになりました。その姿がとてもかわいらしいです。

今後は、ぜひリュウグウノツカイの飼育に挑戦してみたいです。あいにく駿河湾では捕獲の例が少なく、これまで機会がありませんでしたが、5m 以上はあろうかという大魚が水槽を泳ぐ姿を想像するだけでワクワクします。私は子どもの頃から水族館のようなところで飼育員として働くのが夢でしたので、それを実現でき、今はとても日々充実しています。

私はダイオウグソクムシの担当が長かったこともあり、いちばんのお気に入りです。ダイオウグソクムシはときどきニュースにもなりますが、とにかく餌を食べません。食べる頻度も少ないです。せいぜい1か月か2か月に1度くらいです。また個体差も大きく、毎月食べるものもいれば、3か月に1度や、1年以上何も食べない個体もいます。かと思えば、餌を奪い合ったりするなど、いまだにその理由は分かりません。元々、水温が低い環境に暮らし、かつ活動量も少ないため、代謝が少ないとはいえると思います。

ところで、ダイオウグソクムシの出産や産卵はいまだ誰も見たことがありません。またメスが捕獲された例がありません。当館で飼育している個体もすべてオスです。写真だと分かりづらいですが、オスかメスかを見分けるポイントがあります。ダイオウグソクムシは海外から輸入していますが、生息する場所が限られており、数も多くはありません。それだけに飼育に際しては、十分な配慮が必要になります。

飼育員として働いていくためには、漁師の方のご協力も欠かせません。以前、ミツクリザメを捕獲したときのことです。私はたまたま港にいたのですが、漁師さんが「見たこともないような白いサメがいるので持っていけ」と渡してくれました。このような関係性を築くために何年もかかりましたが、いまでは漁師の方から、「死んでしまっているけど標本用に持ってきたよ」と言っていただけるようにもなりました。日々のご協力には感謝の気持ちでいっぱいです。

飼育学芸員
太田 竜平

深海生物の捕獲から展示まで

謎に満ちた深海生物を捕獲し、展示するまでは「深海水族館」ならではの工夫と試みが数多く行われています。餌一つとっても、何を食べるのかさえ分からないものも多く、日々、試行錯誤の繰り返しです。

1 捕獲、そして輸送

駿河湾の深海底曳き網漁のシーズンに入ると、週1回のペースで漁船をチャーターし、深海生物の捕獲を実施。

04:30 日の出前に乗船し、港を出発

06:00 底曳き網漁の漁場に到着

06:30 日の出とともに操業開始

- 網入れ
- 操　業
- 船上での選別作業

（5回繰り返し実施）

17:00 帰港

2 デビューを待つ深海生物

駿河湾の底曳き網漁は、9月中旬に解禁され、5月のゴールデンウイーク明け頃までが漁期となっている。それ以外の時期には深海生物の入手はまったくない。そのため水族館の裏側では、展示している以上の数の水槽がびっしり並んでいる。捕獲されたばかりの深海生物たちに水槽という初めての環境に慣れてもらうために、水槽に目隠しをしたり、照明の色を変えたりとさまざまな工夫を行っている。そして、わずかな傷でも致命傷になりかねないため、症状に応じた投薬を行う。ようやく落ち着いてきたら、次は餌を与えることになるが、いったいどんな餌を、どれくらい食べているのか、深海生物の飼育に関する情報がない中で、スタッフたちはこの水槽と長期間向き合っていくことになる。

1
1,000尾

船上に引き上げられた大量の漁獲物は、網の中で押しつぶされていたり、水圧、水温の急激な変化で弱っていたりするものが少なくない。その中から、元気な状態の深海生物を見つけることができたときは、まるで宝探しで「お宝」を探し当てたような気分である。その確率は、おそらくは1,000分の1以下かもしれない。それだけにようやく探し当てた生き物に対する思い入れは、格別なものである。

3 日常の管理

水槽という環境に慣れ、無事に餌を食べるようになったら、ようやく展示水槽へとデビューする。しかし、まだまだ安心はできない。突然、餌を食べなくなるもの、異常な行動をとるようになるものが現れることもしばしばである。水温や照明などの機器類のチェック、比重やpH（ペーハー）のほかにも複数の項目に及ぶ水質のチェックを行い、飼育環境に問題はないのかを確認する。状況に応じて水を替えたり、ろ過装置の整備を行ったりと対処方法が必要なこともある。病気の可能性が疑われる場合には、水槽に薬を入れたり、餌に薬を混ぜて与えたりと症状に応じた対応を取らなければならない。水槽という特殊な環境は、生き物にとっては決して最適な環境ではない。しかし、できる限りの快適な環境を維持することが水族館の務めであり、義務でもある。

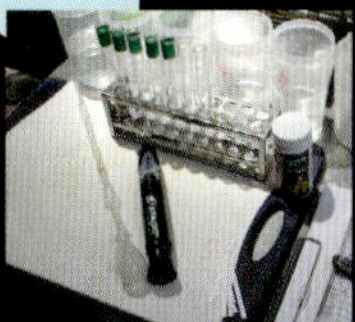

4 深海生物の餌

「深海生物の餌は特別なものですか？」と聞かれることがある。実は、まだ試行錯誤の途中であり、通常、何を食べているのか？　どれくらいの量をどんな頻度で食べているのか？　餌を食べるといった行動ひとつをとっても不明な点が多いのが深海生物。当初は12～13種類ほどだった餌の種類も、現在では約25種類を常備するまでに増えた。しかし、餌の大きさは切り方、そして餌の与え方やタイミングを少し間違っただけでも食べてくれないことがある。

以前は廃棄されてしまう餌の量も多かったが、最近ではその量も少なくなりつつある。うまく餌を食べさせることができるようになれば、廃棄される餌はもっと減ると同時に、深海生物たちもきっと長生きできるようになるはずである。

沼津港深海水族館
飼育員の飼育日記

世界でもまれに見る、ていうか例をみない「深海」に特化した水族館で働く飼育員のつぶやき。
不可思議な深海生物の生活や飼育の苦労、その他、あれやこれやが詰まった読んで見て楽しい日々の日記。

1月某日 —

赤い魚はどう見える？

アカグツ、ハナグロフサアンコウ、ユメカサゴ、ベニテグリ、エビスダイ……。

深海には赤い色の生物が多いことがわかります。

海の中でこんなに赤いと「襲われやすくなるのでは？」と疑問に思う方もいるかもしれません。

しかし実は海の中で、「赤」というのはいちばん先に吸収されてしまう色なのです。赤い魚は水深数十ｍではグレーっぽい色になるのです。

これを再現した水槽があります。真っ赤なエビスダイの色が抜けているのが分かりますよね？

これも深海の生物が生き抜く知恵なのだと思います。目立ちたがりだから……、というわけではないようです。

アカグツ
ユメカサゴ
ハナグロフサアンコウ
ベニテグリ
エビスダイ
深海に溶け込んだ…

2月某日 —

深海だんごむしのお世話

当館のダイオウグソクムシは約1か月に1度、餌を与えています。

普段からあまり動かないダイオウグソクムシは代謝も遅く、このくらいの頻度でも問題なさそうです。なかには毎月食べている個体もいれば、丸1年食べていない個体、最初の2か月食べてから食べていない個体など、飼育していても分からないことが多い深海生物です。

先日もサバをあげたところ、11匹中6個体が食べました。

食べ方もさまざまで、完全無防備の仰向けで食べる個体。それを横から狙う個体。2匹でイチャイチャ食べ合う個体（ちなみに♂同士）。まったく見向きもしない個体。

嬉しくて（興奮して？）、体を反っている個体（この後泳ぎました）。

まったく個性あふれるダイオウグソクムシ達でございます。

そして残されたのは、なにやら白い浮遊物。サバの残骸（肉片）です。

実は、結構食べ方が汚いので、肉片が散らばります。しかも餌はサバ。脂が乗っています。この肉片たちを放っておくと水質が悪くなり、ダイオウグソクムシにも悪影響を

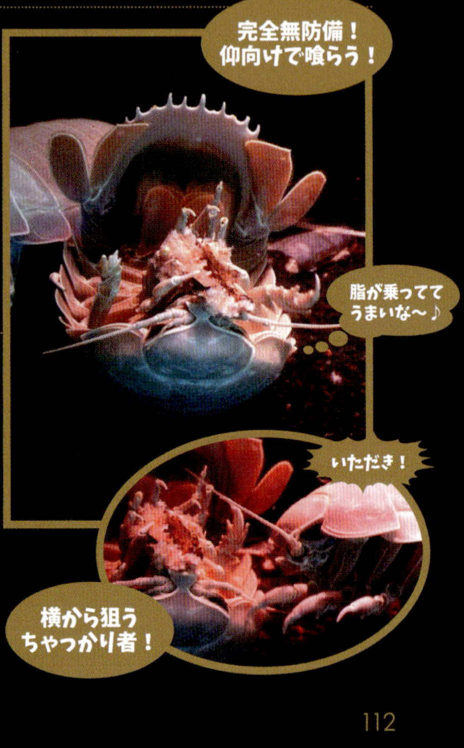
完全無防備！
仰向けで喰らう！
脂が乗っててうまいな〜♪
いただき！
横から狙うちゃっかり者！

なぜか体をのけぞらせる！
うおおおっー！◎★□凸＄!!

見向きもしない…

２匹で仲良く食べる
おいしいね

そして漂う無数の浮遊物（サバ肉片）

及ぼします。

餌をあげて、肉片を取り除くまでが私の仕事。ただし水温は5℃。

ドバドバ水換えもできないので、ホースを使って的確にゴミを取り除きます。まるでダイソンのように。

「よし、吸い出した！」と思っても翌日、おそらくダンゴムシ達のお腹の下にあった肉片が顔を出しています。

私はまた、ダイソンのように掃除をします。これを数日間繰り返し、水質を保っていきます。

「いいんだ、私は君たちが思う存分食べてくれればそれでいいんだよ。食い散らかしたって構わない。手を付けなくたって怒りはしない。ただ、食べてくれれば……。そして、お客様に喜んで頂ければもう十分だよね」

ということで、不思議生物〝深海のだんごむし〟のお世話のお話でした。

なんだか寂しい…

3月某日――
ダイオウグソクムシにコケが生えたら……

水槽にてじっとして動かないダイオウグソクムシ。

じわりじわり甲羅にコケが生えてきました。さすがにちょっと汚らしく見える。

その運命は!?

スポンジで磨きます！　ごしごし体を洗います。

すると……。

ピッカリんコ！　すっかりきれいになりました！

磨かれたダイオウさんは嫌がって体を丸めてます（笑）

さて、次は誰を磨こうかな？　ふふふ。

しっ！

3月某日――
マイペースな深海魚

ある日の予備水槽――。

ワヌケフウリュウウオ達が重なっていました。しかも3匹も！　そしてよく見ると4匹目も仲間に入れてといわんばかりに、乗っかろうとしています（笑）

上に乗られても気にしないこのマイペースさ。

そして、とある日の閉館後、駿河湾大水槽の大換水日のことです。

まずは水槽の水を半分抜いて新しい海水を入れる作業です。水槽の水を半分抜けてきたころでした。

「おい！　おいお前」

と突っ込みたくなるようなイズカサゴさん。

体が水から半分以上出ているのにかたくなにこの場所を離れようとしない。ちょっと可愛いですね♡

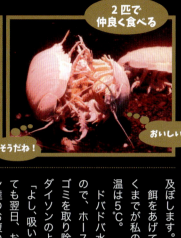

ここが気に入ってるんじゃ！

おたくの
甲羅に付いてる
フジツボを
食べたいん
だけど……
アンタ、
ワイの背中で
何しとんの!?
んんっ!!
これが硬くて
取れないぞ！

4月某日 ― カニの毛づくろい

　猿蟹合戦なんて昔ばなしがあるくらい、犬猿の仲ともいえる（?）サルとカニ。ところが、まるでサルのように〝毛づくろい〟をするカニを目撃しました！

　このカニはタカアシガニ。ハサミを使って必死に掴もうとしていたのは、もちろん〝毛〟ではなくヒメエボシガイというものです。

　名に「ガイ（貝）」とついていますが、貝ではなくフジツボの仲間になります。カニの甲羅に付いているのをよく目にします。

　ヒメエボシガイ自身は、甲羅に付いたまま蔓脚を使って、プランクトンなどを捕まえて食べて生活しています。

　そして今回、なにより驚いたのが、この大きなタカアシガニが小さな小さなヒメエボシガイを食べることです。よくもまぁ、大きなハサミで器用にはさめると感心しちゃいます。

　しかも、甲羅をいじられているテナガオオホモラも嫌がらないということは取ってほしかったのかな？

なんて思ってしまいます。

あっ、取れた！
旨いうまい
ブチッ！
ビックリしたぁ。
次はもっと
優しくしてね♥

4月某日 ― エラからぎょぎょー！

　先日底曳き網網にてトリカジカを頂きましたが、残念ながら息絶えておりました。しかしせっかくなので観察してみることに……。　ん？

　ちょ、ちょっと待てよ？体になんか付いている？

　エラの中にも、存在感ありまくりな……。

　なんか出てきた——！

　ウオノエの仲間です。ダイオウグソクムシ等と同じ仲間に分類されエラや体表に寄生し、体液を吸って生活をしています。実は、トリカジカには寄生されていることが多く珍しくはないのですが……。

　やたらと大きな、ぷっくりとした、お腹。

　ちょっと失礼してお腹をめくると。ぎょぎょ～！

　……タマゴタクサン！　タクサンナタマゴ!!　とびっこくらいの大きさの卵がたくさん出てきました。

　それにしても、エラにこんなのが付いていたら嫌じゃないのかな？　私たちで言う、鼻の穴の中にいるようなものですよね。ずーっと、しがみ付かれ、体液吸われ、繁殖までしている。想像しただけでブルッと来ます。

　でも、このウオノエの仲間も暗い深海の中、必死にしがみつきやっとオスとメスが出会い卵を産んだんですよね。そう考えると複雑ですね。

わいは
トリカジカだす！
私はウオノエの
仲間です。
いや～ん。
見つかっちゃったぁ。
超巨大！
ふくよかな
お腹から…
あふれ出す大量の卵。

5月某日 ― メンダコの飼育

　当館でいちばん人気のメンダコ。今回はこれについて本気出して考えてみます。

　1か月半ほど前、駿河湾の底曳網で捕獲された2匹のメンダコが水族館に搬入されました。スレなどもなく予備槽へと搬入、その後も非常に落ち着いた様子でした。

　ちなみに2匹のメンダコはどちらもオスの個体。「タコってオスは縄張り争いするわけだし、メンダコももしかしたらオス同士を同じ水槽にいれるのは良くないかも？」と心配しましたが、この2匹はうまいこと共同生活してくれました。

　どちらも飼育は順調に20日

を超え、サクラエビを食べる様子を観察できました。その直後に1匹は残念ながら死んでしまいましたが、もう1匹はその後も調子がよさそう。

しかしひと月を過ぎた頃からメンダコの様子にも陰りが……。最終的には37日目で死亡が確認されました。

今回の飼育で感じたこと。

沼津港深海水族館ではメンダコ用にいくつかの予備槽を用意しています。

光を完全に遮断した水槽や、わずかに光が差し込む水槽などです。

今回飼育していた水槽は完全に光を遮断した水槽でした。その水槽と同じ系統で、新しい水槽をメンダコ用に利用し始めたのですが、なぜか死んでしまった。

ある程度光を遮断してもダメ。違いといえば、水槽への吐出がシャワーになっているか否か。長期飼育していた個体の水槽は吐出がシャワーパイプになっており全体的にゆるやかに水が行き渡る作り、新しい方は1か所に向けて水が出るような作りでした。

メンダコにはある程度の水流があった方がよいのか？ 今後の検証事項です。

そして餌やりも重要。上手にあげないとメンダコがビックリして泳ぎ始める。これも大きなストレスとなっていることは間違いない。食べないことも多いですし、あげるタイミングや頻度なども検証が必要なようです。

また、展示水槽でのメンダコは「落ち着いている個体だ」と思っても突然死んでしまうことが多かったのですが、心なしか土日に死んでしまうことが多い気が……。

以前、展示水槽で長生きしていた個体がいたのですが、結局死んでしまったのは日曜日。なおその個体は2週間以上展示水槽にいたので、何度か土日を乗り越えていたのですが、調べてみるとその土日の来館者数は他の土日と比べると少なかったんですよね。人に見られることや大きな音などのストレスが私たちの考えている以上に大きいのかもしれません。

当館ではメンダコの撮影は全面禁止とさせて頂いておりますが、そういった生体への影響を考えての決断となっております。

考えれば考えるほどメンダコの飼育は難しい。課題も多いですが、ひとつずつ問題をクリアし、メンダコの常設展示を実現できるように頑張りたいと思います。

6月某日 ― 水圧の影響力

一般的に「深海生物」と聞くと、「グロテスク」とか「気持ち悪い」という声をよく耳にします。では、この深海魚はどうでしょうか？

個人的に、非常に可愛い種類と思っております。その名はボウズカジカ。丸っこくてとってもキュート♡

深海のイメージが少し変わりませんか？

そしてこのボウズカジカの最大の特徴はぷるんぷるんのカラダ。

こんにゃくゼリーのようにぷるぷるしております。なぜかというと、体の水分を多くすることで高い水圧から身を守る種類がいます。

深海生物には体を柔らかくした種類や、逆に硬いウロコや甲羅を持って水圧から身を守っています。そんなボウズカジカの体の水分が多いのがわかるのが下の写真。

どうです？ かなり衝撃的でしょ。かわいいのカケラもありません。でも分かりますか？ 体の水分が出てしまい、皮ふが垂れ下がり、維持できなくなっております。ということは体の中の水分が多いのがわかりますね。

陸に上がってしばらくすると重力によって水分が抜けてしまうんですね。私たちにとって水圧ってイマイチピンとこないかもしれませんが、深海では常に存在するもの。水圧がある場所から、ない場所にいる水族館の深海生物たち。水圧の影響を受けやすい種類や受けにくい種類などさまざまです。光や温度も重要ですが、一番は水圧なのかもしれません。

水中でのお姿♥

陸《おか》に上がると…
何やらとってもご立腹の様子。
…まるで別人！恐い

7月某日 — 美しい花には……

さて、これは何でしょう? ある深海生物の一部です。

「ダーリアイソギンチャク」です。その見た目から、ダリアの花に似ていることから名付けられたと言われています。

やや深場の底曳き網漁でしか捕獲されない珍しい深海生物。さらに網であげてくる際、触手が網に擦れてしまい綺麗な個体は結構貴重です。

そして、水温もある程度低くないと状態が悪くなり、溶けてしまいます。

その触手は繊細で、ボウルですくってもボウルにくっ付いた触手が抜けてしまう（という表現でいいのかわかりませんが）、非常に取れやすくなっています。状態が悪いものほど抜けやすくハゲてしまいます……。

そして次！

これはある飼育員の腕。見ればわかりますね。実は、ダーリアイソギンチャクに刺された腕です。

今まで触った記憶があったような気がしますが、手の平とか皮膚の厚い部分だったのでしょう。

今回、イソギンチャクに触れた瞬間、チクッと激痛。

「いてててててて!!」

その後もしばらくチクチクチクチク……。こんな痛いものとは思わなかったので驚き。刺された付近が赤くなっておりました。

翌日、案の定腫れは引かず刺された箇所がわかるような赤い点々が。ナメていましたぜ！

こんな強い毒を持っていたとは知りませんでした。

「美しい花には毒がある」

以後、気を付けます……。

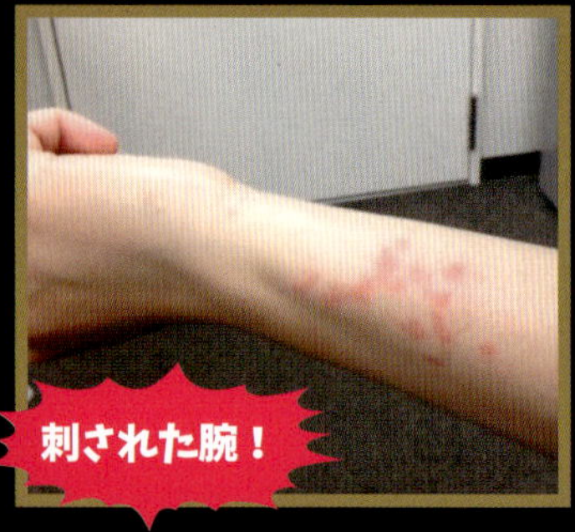

8月某日 — エサやりもひと苦労

ビックリするとプクプクになってしまうミドリフサアンコウ。当館人気の生物のひとつです。けど、元気な状態で採集できたとしても、飼育していくうえで難しい問題にぶち当たります。それは〝餌〟です！

海中での生活の様子を見ることができませんので、何を食べているのかよく分かりません。

大抵の場合、当館に採集されてバックヤードで休ませていると、2、3日のうちに胃の内容物を吐き出します。深海から上がってきて、いきなり環境が変化し、ショックだからなのでしょう。その中には小魚や甲殻類のほか、タコなんていうのも出てきます。

そこで水族館では何を与えているのかというと……。駿河湾名産サクラエビでございます！ なんて贅沢なっ！ でもこれが比較的食べてくれる確率高めの餌なんです。写真のように給餌棒につけて、顔の前でチラチラさせて誘います。しつこく誘います。す

甘〜い〝桜えび〟！
海に帰りたい…。
エビなんか
食べたくない

月日は過ぎ…
オレも食べ
ようかなぁ
日和ったな…

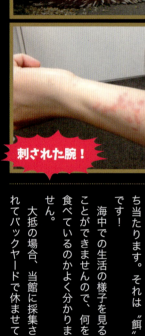

ると……
「ぱくっ！」
さらに……、
「ぱくっっ!!」
　これ、簡単に食べてくれているように見えますが、早い個体でも3日、遅い個体になると1か月もかかります。しつこくサクラエビで誘い続けたスタッフにとっては最高にうれしい瞬間です。長期飼育の可能性が見えた瞬間でもありますからね。
　皆さんに元気な生き物たちをご覧いただくべく、その裏では日々スタッフが給餌棒で誘っていることを思い浮かべていただけるとちょっとうれしいです。

9月某日 ― メナガグソクムシのお腹

　皆さん、メナガグソクムシはご存知ですか？　深海のダンゴムシです。ダイオウグソクムシやオオグソクムシと同じ仲間になります。何が違うかというと、その目。目が長いので「メナガ」。そのままです。たまーに水族館にやってきます。
　先日も漁師さんから頂きましたが、翌日残念ながら死亡してしまいました。
　このメナガグソクムシについて、以前から気になっていたのが黒っぽいお腹。そして、すごくパンパンな黒いお腹。せっかくなので、ちょっと開けてみました。
　………黒っ！　そして、つるっと塊が出ました。
　この塊がものすごく硬いです。まな板に当てるとカチカチ音が出そうな硬さ。
中も切ってみました。すごく硬いけど、少し柔らかさもある。表現しにくいですが、羊かんをぎゅうぎゅうに固めたような感じ？
　断面はこんな感じぎっしり詰まっています。指が赤茶に染まります。水に溶かすと赤くなります。鉄の臭いもします。
　これは……血です。血の塊です。メナガグソクムシはダイオウグソクムシやオオグソクムシと異なり、他の生き物の血を吸って生活しています。よくサメにくっついたまま網にかかります。寄生ってことですね。
　その吸った血がこんなカチカチになるとは驚きました。そしてこんなにパンパンになるほど吸い続けていたもの驚きです。この蓄えた量では、どのくらい生きていられるのだろう……。すごく興味深い発見をした気がします。

10月某日 ― 衝撃！　ヌタウナギの赤ちゃん誕生

　事件が起きたのは、昨日の午後3時半頃。
　私は新人飼育員にヌタウナギ水槽の水換えを指示していました。作業を開始し、しばらくすると「ろ過槽の卵はヌタウナギのですよね？」と聞かれました。
　確かにろ過槽には、先日漁師さんから頂いたヌタウナギの仲間の卵を入れてありました。
　なにげなく「そうだよ」と返事をすると……。
「たぶん孵っていると思います……」
「えぇ～!?　ホントにぃ～?」
　慌てて確認しに行く私。
「あれです」と指差す方向に見慣れない物体が3つ砂の上に転がっていた。
　動かなかったのでつついてみると、ウネウネ動き出したぁ～！
　思わず悲鳴を上げてしまいましたが、予想外の芋虫のような動きが気持ち悪くて……。
　確かに赤ちゃんだった。
すぐさま報告し、現場はド

タバタ。
その後、貴重な赤ちゃんは、ヌタウナギ水槽に展示することになりました。
色は親と違ってピンクで、赤いラインがあります。よく見ると、小さいですがしっかりヒゲも確認できます。そしてまだ栄養分を多く持っています。少しずつ吸収していくのでしょうが、どのくらいの時間をかけて、またいつ親と同じ体色になるのかまったく分かりません。

卵にはまだたくさんの赤ちゃんが入っております。私たちは次の誕生に備えて、観察を続けることにしました。
いつになるか分かりませんが、そのときを楽しみに待ちましょう。

10月某日 ― 駿河湾大水槽の大掃除

さて今回はタカアシガニ水槽の大掃除の様子を紹介しようと思います。
もとは駿河湾の大水槽。さまざまな生物を飼育展示していました。では、どうやってタカアシガニ水槽になったのでしょうか?
簡単に言ってしまえば、すべての生物を抜いて、タカアシガニを入れたってことなんですが、まぁまぁ、それじゃつまんないし写真も撮ったからさ。せっかくなので、紹介しますね。
①水槽の水を抜いていきます。生き物を取り出すためにお水を抜きま～す。
②裏で生物を受け入れる容器を準備。車にも大きなタルを準備。取り出した生き物は約2か月の間別の場所で飼育します。
③作業員投入。胴長を着て入ります。水温は19℃。ちょっと冷たい感じ。
④生き物を取り出します。カゴや網を使って生物を取り出します。水が濁ってしまい見にくく、簡単には捕まらんのさ～。
⑤ここでちょっとお魚の気分を味わう。この水槽には丸い窓が付いています。普段どんな感じでお客さんから見られていたり、逆に見ているのかな?
⑥岩をレイアウト。自然な岩組みになるようレイアウトしていきます。水槽の外では、飼育員の先輩が目を光らせてレイアウトの指示を出しています。
⑦水を溜めて冷やします。すべての作業が終了～。水温を12℃まで下げます。水も溜まり、スッキリしましたね。透明度もバッチリンコです。あとはカニちゃんを入れるのみ。
⑧タカアシガニ投入。おうおう!水槽の上からタカアシガニが降ってきます。次から次へと雪のように降り……はい、出来上がり!
以上、駿河湾大水槽の大掃除でした。

11月某日 ― 漁師さんあっての展示

このところ風が強く、荒れた天気が続いておりましたが、ようやくそれも落ち着きを取り戻し、漁師さんたちも数日

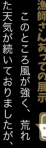

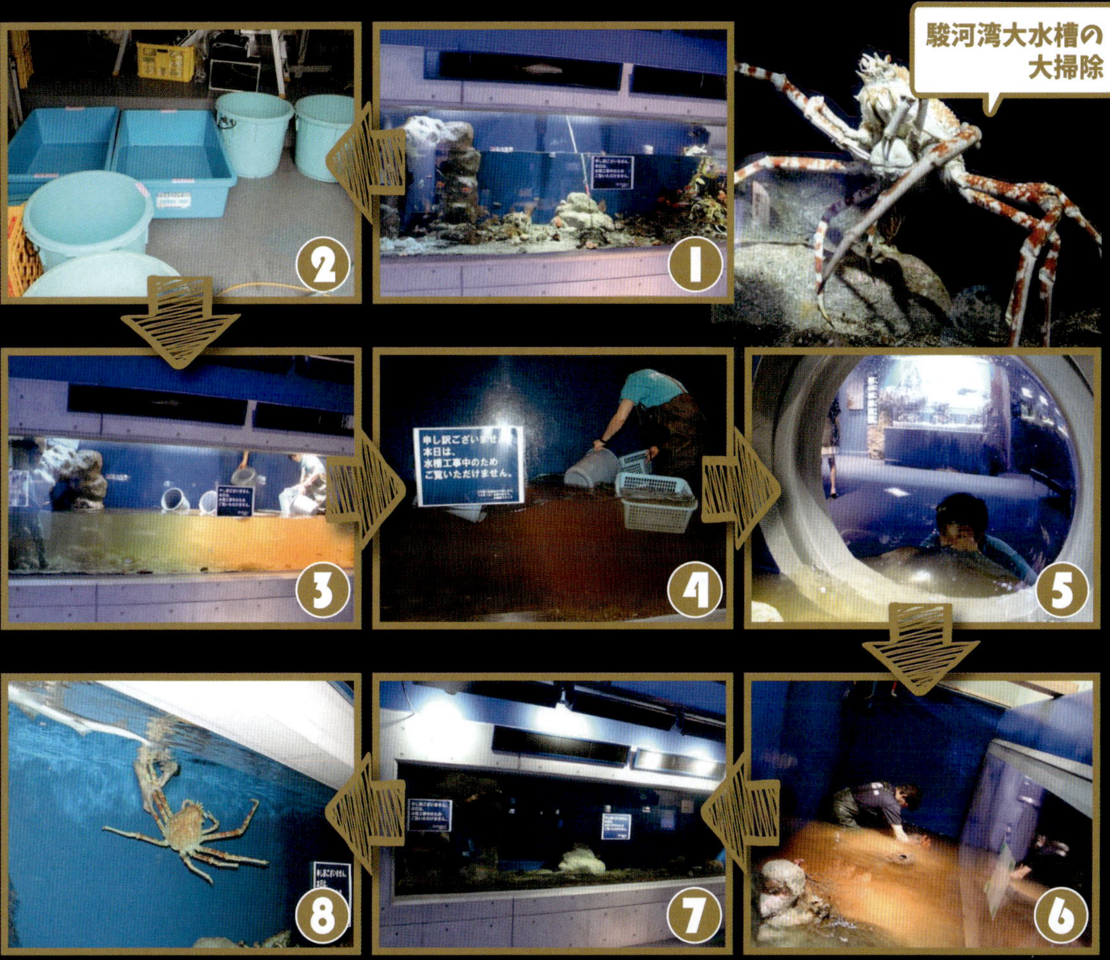

ぶりに出港したようです。そんな折、生き物が取れたとの一報が！

　いつもお世話になっている漁師さんは、水族館のためにわざわざタルを1つ用意してくれています。さらに空気のブクブクを入れて、氷で冷やしながら持って来てくれます。ここまで協力してくれる漁師さんはそういません。感謝の気持ちでいっぱいです。

　もちろん、我々スタッフも一緒に船に乗り込んで採取しますが、やはり漁の邪魔にもなってしまうので、毎日という訳にはいきません。

　この生き物たち。来館されるお客さんのためにも、協力してくれる漁師さんのためにも、元気な姿を展示しなくてはと、日々感じさせられます。

12月某日 — シーラカンス模型の作り方

　当館の目玉であるシーラカンスの展示。この展示に関連してシーラカンスの繁殖について紹介しているコーナーがあります。

「シーラカンスは赤ちゃんを産む」というのを分かりやすく表現したものがコチラです。分かりますか？　お腹の中にいっぱい赤ちゃんがいるんです！

　実はこれ、飼育員のべ（別名：アトリエのべ）の手作りなんです！

　ということで今回は「シーラカンスができるまで」を紹介したいと思います。

　材料は紙粘土と発泡スチロール。低コスト〜♪　いちばん大事なのは「作ったるどー！」という気持ちかもしれません。

①いらない板に下書きをします。大きさは1200W×600H。結構な大きさです。腹びれは、赤ちゃんと重なるので削除しました。

②枠の内側に発泡スチロールを置きます。紙粘土の使用量を少なくするためです。粘土が多いと、乾くのに時間がかかります。

③お腹の赤ちゃんは先に作っておきます。赤ちゃんたちが群がっているようにいろいろな角度に挑戦！

④発泡スチロールの上に紙粘土を乗せて形を作っていきま

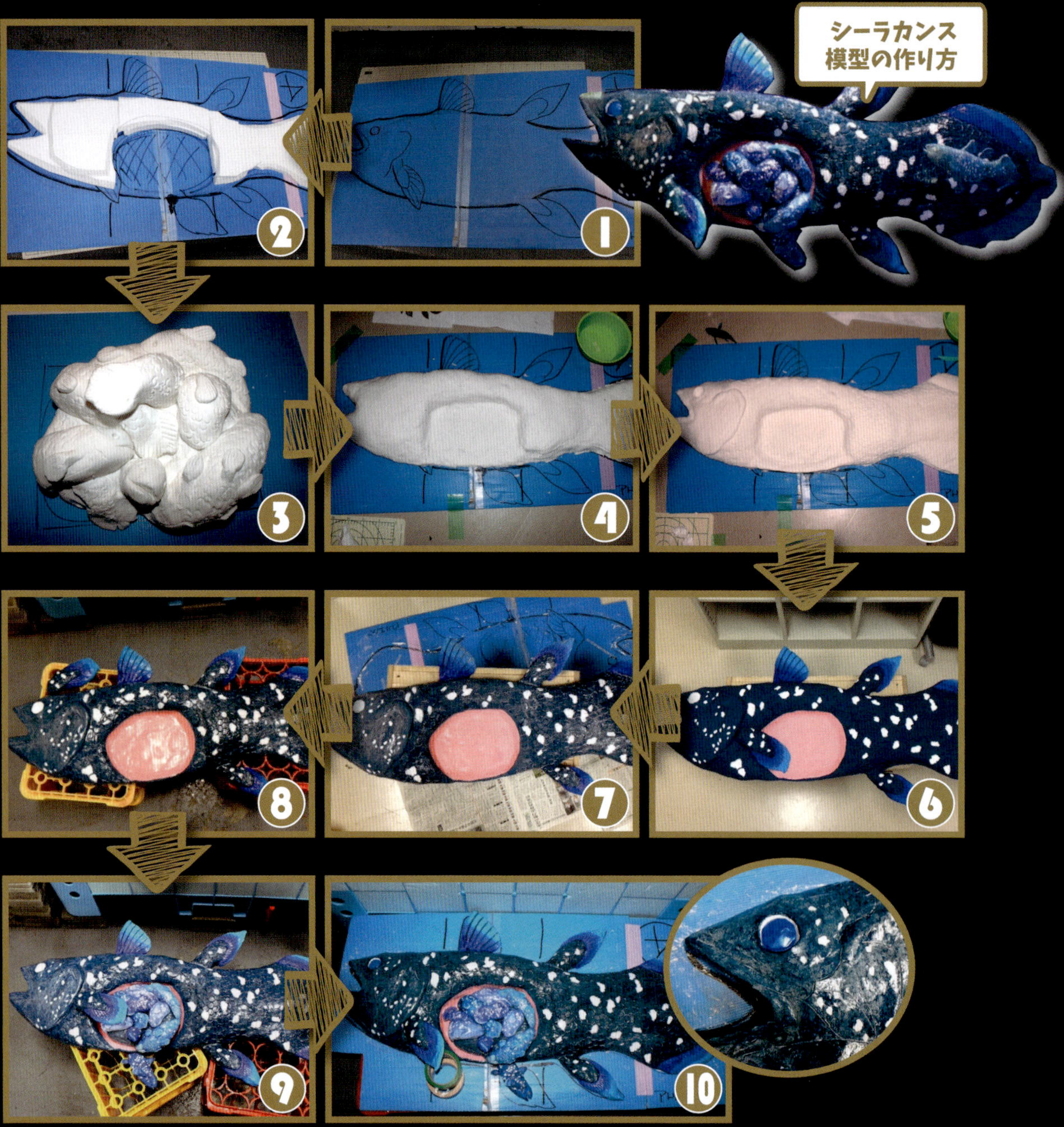

す。作ったのは真冬。乾燥しているので、なるべく短時間で仕上げなければなりません。ボウルの中は水です。ある程度水を手に含ませるのがポイントです。

⑤乾かないうちに鱗の跡を付けます。ウロコ型に作った針金で鱗を作りました。この状態で、2週間以上乾燥させます。表裏しっかりと乾燥させます。

⑥アクリル絵の具で着色！このままでは色がくっきりしすぎなので、

⑦ある色を上から全体に塗ります。すこし自然になりましたかね？　実はうす〜いピンク色を塗りました。これ、結構重要です。

⑧ニスを塗ります。テカりましたね〜。これで紙粘土自体の補強にもなります。

⑨ヒレと赤ちゃんを付けますボンドで簡単につきますよ。

⑩最後の目玉はお湯丸君で。青い目にしました。

　そして完成〜！　ざっとこんな感じです。作成期間は1か月くらいでしょうか。もちろん飼育の仕事もしますので時間を見つけては紙粘土をコネコネしておりました。飼育員ですが、着々と紙粘土技術が上がってきている気がします。このように、飼育員のべは、〝アトリエのべ〟としてもごくまれに活動をしています。

ということで以上、シーラカンスの作り方でした。

1月某日 ─ 新展示の進行中!

水族館の飼育スタッフというと、「お魚のお世話をしてま～す♪」みたいなイメージあるかと思います。しかし当館は飼育スタッフがわずか4名ということで、生き物の飼育はもちろん、水槽設備から工作、魚名板から館内キャプション製作……、と基本何でもやります!

飼育長Sさんは……水槽関連の工作をしてくれております! ん～お金が取れるクオリティですよ。

そして、のべ先輩は……ふむふむ、何やら紙粘土をコネコネしたり、紙粘土にヌリヌリしたり、紙粘土職人になっております。

そして、山口さんは……おーっ!! 電動ドリルでバリバリやっておりますね。最年少ながら、この腕っぷしは将来楽しみです。

そして僕は……。はい、砂利洗いです。地味ですね。しかし、とーっても大切な作業でもあります。しかも、爪を切ったばかりで指先がイタイ。

という感じで、連日フル回転で作業にあたっております。ぜひ新展示スタートの際には水槽内の生物はもちろんですが、水槽内、水槽外にも目を向けてみてください。そこにはスタッフの汗と涙が垣間見られるかもしれません。

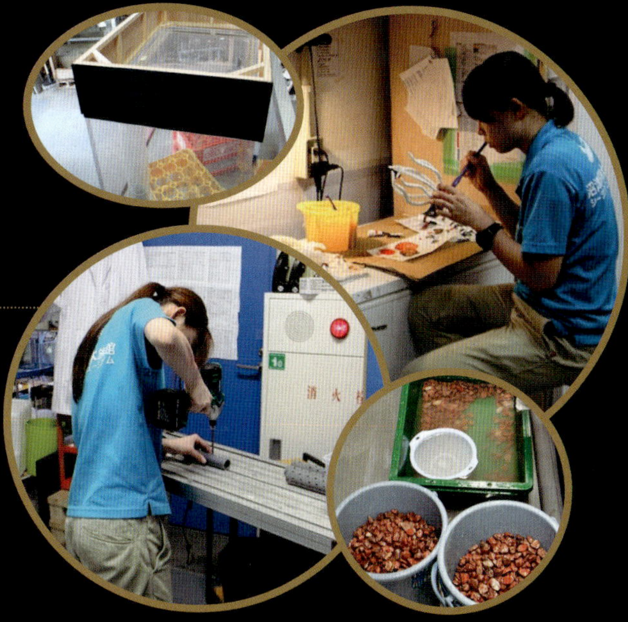

2月14日 ─ バレンタインデー

本日は2月14日、バレンタインデーです。この日に女性から男性へチョコを渡す習慣は日本だけみたいですね。そんな今日、飼育員女子を代表してやりましたよ。

「グソチョコイベーンツ!」

ラッピングしたらなかなかイケてません?

さぁさぁ、はたしてグソチョコを欲してくれる人はいるのだろうか。誰もいなかったらどうしよう、「キモいー」って言われたらどうしようと、不安で不安で夜も眠れなかったのですが……。

さて、お客様は?

イベント準備からいつもと違う雰囲気。何かを待っているような人たち。この方たちはもしかして!?

「GYOGYO～!!」

めっちゃいるっ～。たくさんいらっしゃいました!

ラボ終了後、特別イベント開始。いつもと違う雰囲気。たくさん上がる手、手、手…。予想以上の人気でひと安心。グソチョコの人気に驚きでした。超ラッキーだった当選された方。おめでとうございます。大切にしてください。

ちなみにGETされたお客様はすべて女性。

女強し! そして燃え尽きた私は、次のホワイトデーを考える。いや、その前にチョコ食べて栄養補給。ご参加くださいました皆様、本当にありがとうございました。

沼津発

深海生物クッキング

見るだけでも珍しいのに、
食べてしまうという本企画。
深海生物とはいかなる味がするのか、
そもそも食べて大丈夫？
ここでは「深海料理」として
お店で提供している
安心安全で美味のものから、
飼育員が挑戦した
ちょっと怪しげなものまで
幅広くご紹介いたしますー。

超深海魚丼
（DON どこ丼）

深海魚が日替わりでてんこ盛りの迫力満点などんぶり。ユメカサゴとデンデン（オオメハタ）、オオコシオリエビの唐揚げ、アブラボウズやゲホウ（トウジン）の刺し身など、盛りだくさん。１人で食べきるもよし、３、４人で取り分けるもよし。

飼育員、食べる その1

ウミグモの素揚げ

ウミグモは節足動物門鋏角亜門という生きものに分類されます。要するに、「蜘蛛」と名にはありますが、いわゆるクモの仲間ではありません。そのウミグモを食べることに。

まずはキッチンペーパーに並べて水気をよく切ります。水分がとれたら熱した油の中へ投入。

入れた瞬間、体内の水分が飛び出し、吹き出し、油が跳ねる跳ねる！

あっという間にウミグモの素揚げが出来上がりました。このウミグモは、漁師さんから頂いた時にすでに死んでしまっていたものです。以前から、どこに食べる部分があるんだろうと気になっていたので、今回初挑戦しました。

さてそのお味は？

……美味しくありませんでした。

というか、細い脚の中には油が詰まっているのでほぼ油の味。その油の中には先ほど噴出されたウミグモの体液が混ざっていて、思わず顔をしかめるような味でした。

そして、脚の部分は「サクッ！　パリッ！」とはいかず、口の中に残る。

川エビの唐揚げのようなものと勝手に想像していたので、激しく落胆しました。

1

まず水気をとり、油へ投入

2

3

4

あっという間に素揚げが出来上がったが……

浜焼きしんちゃんの人気メニュー。深海魚の小金目鯛やデン、メヒカリ、メギス、エビなどの盛合せ。鉄板の上で自分で焼くと脂も乗っていて、香ばしさも食欲をそそる。

駿河湾深海おまかせ盛り
（浜焼きしんちゃん）

メギスは沼津の定番深海魚。メヒカリは一口サイズで脂がのっており、デンは白身が淡白でふっくらした味わい。

ほかにも「金目鯛バーガー」や「まぐろバーガー」「あじフライバーガー」など、ならではのハンバーガーも。ぜひ味わってみよう

とても身のやわらかい白身魚で、希少性の高いメギスを使用。ふっくらとした深海魚フライと特製オーロラソースのやさしい味がベストマッチ。

深海魚バーガー
（沼津バーガー）

飼育員、食べる その2

ギンザメの刺身&ムニエル

〝ザ・深海魚〟なフォルムのギンザメ

白身はキレイで一見、おいしそう

ムニエル。見た目はまずまず

大きな目と胸ビレが特徴的なギンザメ。生きてあがることが少なく、生きていても、弱っていることが多いです。そんなギンザメを漁師さんから久しぶりに頂いたのですが、やはりすでに息絶えておりました。そこで食べてみることに。まず内臓を取り出し、皮をはぐとキレイな白身が現れました。さぁ、まずは生で。常備してある醤油をつけていただきます。

「パクっ！　カミカミ……、カミカミ……」

けっこう歯ごたえがあり、これといって特徴のない味。舌触りはぼそぼそした感じです。正直、おいしくもないし、まずくもない、といったところでしょうか？

では、調理してみたらどうなんだろう。ムニエルにするか。焼いている最中に、身が柔らかいのかぼそぼそ崩れていきます。やがて焼き上がった身はボロボロしていますが、おいしそうには見えます。これにタルタルソースを付けて食べてみました。

う〜ん。焼いてもぼそぼそ感は変わりませんでした。特徴的な味もなし。焼いてもあんまりおいしくはありませんでした。

お刺身でも味わえる新鮮な魚介を贅沢に天ぷらで食す！　野菜は静岡の農家を中心に、旬の素材をカラッと揚げて。

沼津深海魚定食
（とらてん）

飼育員、食べる　その3

ラブカのゆで卵

1 ラブカ。結構な大きさの卵をもつ

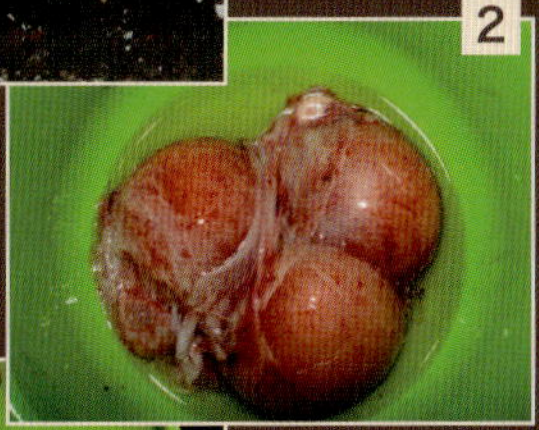

2 とても食べられる代物には見えないが……

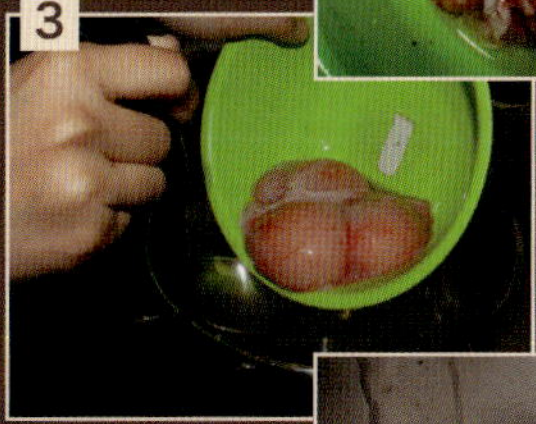

3 とりあえずゆでてみることに

4 グツグツ煮ていきます

5 真っ白けのゆで卵の出来上がり！

ラブカ頂いたところ、お腹から多数の卵が……。
それを見た副館長から「食べるんでしょ？」の声。
「いや、さすがに卵はちょっと……」
「食べるんでしょ！」
「……」
なかば強制的に食べることに。でも、さすがに〝生〟の勇気が出ないので茹でてみました。
沸騰した鍋に入れた瞬間、卵の膜が縮み、中身がドロっと広がります。ぐつぐつ煮ると、熱を通し、黄色が白へと変わります。
「食べられるのか……？」
不安は募る一方。火が通っているか分からないので長めに煮ました。
そして、残念ながら完成。
オフホワイトとはこれだと思わんばかりのまっしろ！メレンゲみたいにも見えます。もう、卵の気配はしませんね。
さて、何もつけずに頂きます。恐る恐る口へ運び……。
……味がない。それだけでなく食感も舌触りもなく、口に入れた瞬間、粉になります。パァ～っと歯の間にまで、粉が入り込む感じ。飲み込むまでボソボソ。そしてすこーし生臭い感じもする。
まったくおいしくない。醤油を付けても変わらず。近くにいた何人かも食べましたが、皆、無言でした。

飼育員、食べる その4

ユウレイイカの刺身

1

水分が多く見るからに食べるところのなさそうなユウレイイカ

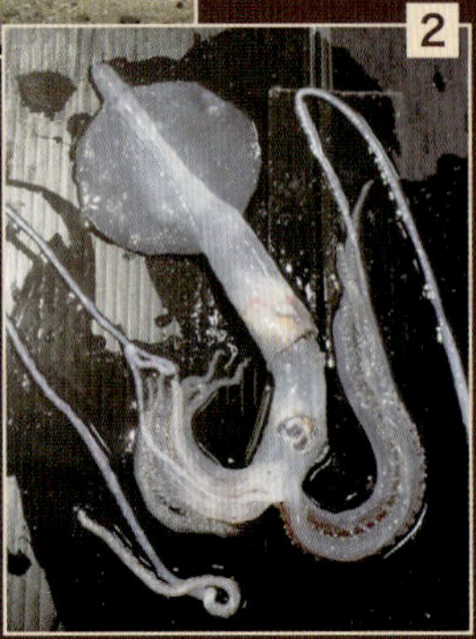
2

生で食べてみたものの、予想が覆されることはなかった……

透き通っていて透明の体をもつユウレイイカ。まったく味が想像できませんが、生で食べてみます。

　ではさっそく、パクッ！

「んん！？　……ペッ！！　がらがらがらがら～（うがい）」

　という感じでした。ハッキリ言いますと、〝マズイ〟ってことですね。味というか、食感がマズイです。

　イカという雰囲気はまったくなく、「ふにゃ」というか「ぐにゃ」というか「ぶじゅ」というか……。歯ごたえはあまりなく、噛んだ瞬間何かが口の中に広がり、飲み込むことができませんでした。

　いちおう、軽く湯がいてもみたのですが、多少食感が出たものの、生とそれほど変わらず飲めませんでした。

沼津深海鍋（浜焼きしんちゃん）

デンや赤エビ、ユメカサゴ、ゲホウなど、深海生物が盛りだくさんでとことんまで堪能できる。和風出汁でも、ちょっと辛めの出汁でもおいしくいただける冬の絶品。

白身の上品で淡白な味わいが魅力のアブラゴソ。脂ものっていて、深海魚の中でも高級な魚だ。

アブラゴソ姿造り
（浜焼きしんちゃん）

飼育員、食べる その5

オキナエビの刺身

目が退化したフサフサのエビ。硬い殻を割ると、中からプリプリの身が現れます。

そのまま生でパクリ……。

「お、おいしい!!!」

プリップリの触感に、ほんのり甘みもあり、さっぱりとした味わい。

見た目との意外性と、私の空腹感もあったかもしれませんが、とっても美味しかったです。

また機会があれば、今度は火を通しても食べてみたいと思います。

口に入る機会はめったにないが、深海生物トップクラスのうまさ

飼育員、食べる その6

ゆでダイオウグソクムシ

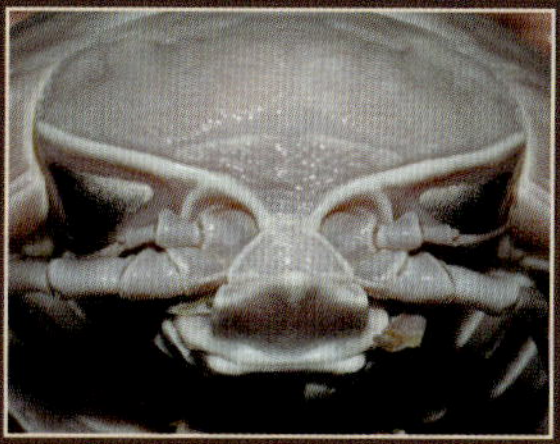

いつか食べてみたいと思った深海生物。ダイオウグソクムシ！　今まで食べる機会はあったものの、その勇気がありませんでした。その見た目から、水っぽくてしょっぱそう。おいしいはずがない。でも、確かめなければ真実は分からん！　というわけで食すことに。

やや透き通った白身といったところでしょうか。さすがに生は抵抗があり、熱を通してみました。

純白の身！　さて、そのお味は……、「無味」でした。食感は水っぽくはなく、ササミのような感じで、臭いもありませんでした。

なので、ちょっと醤油を付けて食べてみました。

「お、おいしい……」

醤油ってすごいなと改めて感じました。

「待てよ？　もしかして生もいけるか？」

食べてみました。

「お、おいしい……」

エビのようなプリっとした歯ごたえ、ダイオウグソクムシといわれなければ、普通にバクバク食べちゃえそうです。結論。ダイオウグソクムシは醤油があればおいしく食べられる。

お店では、駿河湾の海水から作った戸田塩とともに提供される

ユメカサゴの唐揚げ（浜焼きしんちゃん）

ユメカサゴをまるごと唐揚げに！　頭からバリバリ食べられる。見た目はシーラカンスそっくり。

飼育員、食べる その7

ゆでオウムガイ

塩もみしたオウムガイを鍋に投入！

ゆであがったオウムガイ。ひと回り小さくなった

身は全体的に味がない

オウムガイの口周辺。サザエの味がした

現地では食用になっていると聞くオウムガイ。いったいでどんな味がするのでしょうか。

まず身を塩もみしてゆでます。15 分ほど茹でたでしょうか？　一回り小さくなったようです。ちょっとかわいい？

匂いをかいでみると、甘いニオイがします。何度も嗅ぎましたが、すごく甘い香りがしました。なんというか、卵多めのプリンのニオイ。

いったいどこから食べればよいのかわかりませんが、漏斗に醤油付けてひとかじり。硬い！　コリコリといか、ゴリゴリ。味はなかったです。触手はやわらかいですが、食べている感覚なし、味もなし。中を探っていくと嘴が取れました。そしてその口周辺には、食べれそうなちょうどひと口分の身がありました。醤油に付けてパクリ。

んん！？　サザエの味する……。

ということでオウムガイは、

①茹でると甘いプリンのニオイがして、

②固い身に囲まれ、触手は無味。

③口周辺はサザエの味（かなり一部分）

④イカやタコに近い仲間ですが味は貝類、ですかね。

脂がのったメヒカリをサクッと揚げた逸品。お子様にもオススメ。

メヒカリの唐揚げ
（浜焼きしんちゃん）

小エビの唐揚げ
（浜焼きしんちゃん）

沼津港で水揚げされた深海エビ「ヒゲナガエビ」の小さめのサイズをカラッと揚げて召し上がれ。ささっとレモンをかければ酒の肴にピッタリで大人気でついつい手が出る。

飼育員、食べる　その8

ミドリフサアンコウの素揚げ

1 正面から見たミドリフサアンコウ

2 ていねいに皮をはいでいきます

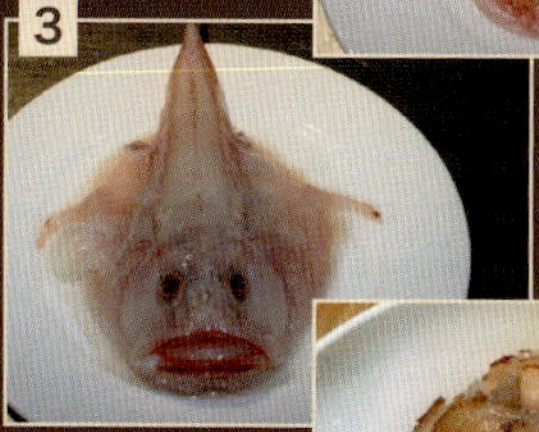

3 白身が美しい……

4 ミドリフサアンコウの素揚げの出来上がり！

今回はミドリフサアンコウ。

でも、なんで皮をはいだ状態かと言いますと……。まず、漁師さんからいただいた時点で、お亡くなりになっていました。ここまでのサイズも珍しいな～と眺めていたところ、いつものアレがふつふつと湧いてきました！

というわけで、食べてみることに。今回はそのまま素揚げです。

でも揚げていると、あまりよろしくない香りが……。

「あれれ？　大丈夫かな～?」

さ、揚がりましたよ。こんな感じです。ちょっと引いてしまいそうなお姿ですが、こんな深海生物いそうですね。

少々抵抗がある見た目ですが、白身が顔を覗かせています。

「よし、実食！」

うまっ！　めちゃうまっ！　めっっっちゃうま～っ!!

ふわふわとした白身で、身もほろっとしていて非常においしかったです。クセもなく、なんにでも合いそう。とくにフレンチに向いていそうな感じでした。

沼津港で水揚げされる深海生物

日々たくさんの水産物が水揚げされる沼津港。ここでは、水産物として出回っている深海生物を紹介。お取り寄せもできるので、一度は食べてみよう。

アカエビ（ツノナガチヒロエビ）

沼津の底曳き網で水揚げされる。唐揚げやかき揚げのほか、すり身にしてもおいしい。せんべいや菓子類など加工食品としての用途も多数。

テナガエビ（アカザエビ）

高級食材として人気が高い。刺身や寿司などの和食料理のほか、イタリアンやフレンチでも使用される。ソテーにするととても美味。

クモエビ（オオコシオリエビ）

味噌汁の具として利用されることが多い。また、素揚げにすると香ばしくて美味。身とミソも絶品だ。

キンメダイ

水産物として出回る代表的な深海生物。刺身や寿司、ムニエルのほか、なんといっても煮付けにするととってもおいしい。

アブラゴソ（ヒウチダイ）

刺身や煮つけ、塩焼き、汁物などにして食べる。流通量が少ない高級魚なので、鮮度の高いものを食べたいならぜひ沼津へ。

メヒカリ（アオメエソ）

刺身やマリネ、天ぷら、塩焼き、唐揚げなどにして。骨がやわらかいので、天ぷらにすると丸ごと食べられる。

ユメカサゴ

刺身や寿司、煮付け、唐揚げなどにして食べる。唐揚げにするとシーラカンスそっくり！ 頭や骨ごと食べることができる。

ホンエビ（ヒゲナガエビ）

甘みがあり、刺身や寿司のほか、鍋や唐揚げにもオススメ。素揚げにすると頭からそのまま食べられる。

シマエビ（ヒカリチヒロエビ）

刺身や塩焼き、天ぷらなどにして食べる。頭に濃厚なミソが詰まっており、味噌汁に入れると濃厚なコクが出て絶品。

メギス（ニギス）

焼き魚や天ぷら、フライ、寿司や刺身など用途が幅広い沼津港の定番。もちろんすり身にしてハンバーガーにも。

駿河湾

この深海水槽の見どころは、駿河湾で捕獲された深海生物たち。サメやヤドカリを踏み越えるようにして悠然と歩いているのはタカアシガニ。そして水槽を埋め尽くすほどの 1,000 匹を超える数のサギフエたち。餌の時間になるとサギフエたちの色認識実験が行われるため、普段は頭を下にして泳いでいるサギフエたちが一斉に横向きになって猛スピードで移動する様子が伺える。冬季になると、これまでに複数尾のラブカが登場しているのもこの水槽である。

沼津港深海水族館
シーラカンス・ミュージアム

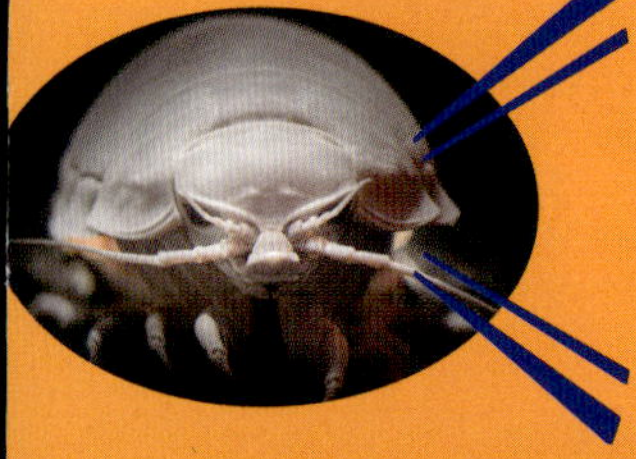

深海は見えない から おもしろい

日本一の富士山を有する土地に、もう一つの日本一があります。
最深部 2,500m、日本一深い湾、駿河湾です。
この深海に生きる生き物を中心に展示しているのが沼津港深海水族館です。
一方、「生きた化石」と呼ばれ、3 億 5000 万年前からほとんど姿を変えず、
今もなお生き続けるシーラカンス。
ここでは、そんな〝オンリーワン〟の水族館の魅力をお伝えしましょう。

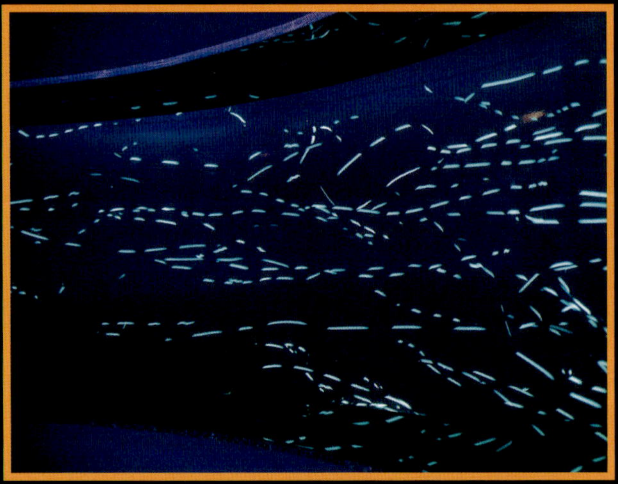

深海の光

〝発光〟は多くの深海生物が身につけている特殊な能力のひとつである。弱い光でも深海では明るく感じられるが、このヒカリキンメダイの光は深海生物のなかでもひときわ強い光となっている。眼の下にある一対の特殊な器官には、発光バクテリアが共生している。そしてこの発光部位をヒカリキンメダイが自在に反転させることで、まるで照明のスイッチが ON と OFF に切り替えられたかのように点滅させることができる。薄暗い部屋の中、150 匹あまりのヒカリキンメダイの発光する美しさは、発光生物の魅力を感じることができるだろう。

深い海

深海の底曳き網漁が実施されている期間（10～5月）は、どんな深海生物が登場するかはお楽しみ。毎年毎年、予想もしなかった生き物、名前もわからない生き物が突如として捕獲される。これまでにも初公開の生物、名称がまだ決まっていない生物などさまざまな生き物を展示してきたイチオシのコーナーである。

ヘンテコ生き物

サンゴ礁に住むちょっと変わった生き物を世界中から集めて展示。成長すると体の色が完全に変わってしまうものや、卵を独特な方法で護ったり、孵化させたりするものなど、ほかにはないちょっと変わった習性や、特技をもっているものばかり。きれいな姿に見とれるだけではなく、ぜひ解説文にも目を通し、不思議な生態に注目したい。

シーラカンス

シーラカンスは世界中でももっとも有名な魚類の一つだろう。3億5000万年前に出現し、その姿をほとんど変えていないとされ、そして今もなお、多くの謎が解明されないままとなっている謎の魚だ。ここでは3体の剥製と2体の冷凍保存されたシーラカンス、臓器が常設展示されている。冷凍展示されたシーラカンスはもちろんのこと、これだけのシーラカンスが揃っているのは世界じゅうでもこの施設だけである。

深海の世界

黒を基調とし、壁には黒いガラスを使用するという水族館としては例のない新しい試みのスペースで、ちょっとオシャレな深海生物のコーナーとなっている。落ち着いた雰囲気の中、ゆったりと深海生物を楽しめるように配慮されている。オリジナルのCG映像では、本物と見間違うようなデメニギスやミツクリザメ、ダイオウイカなど、展示が困難な種類が遊泳し、捕食するシーンなどが再現されている。水深による生物の色の変化を再現したり、水深800 mの水温の体感コーナー、加圧（水圧）実験の再現VTRとその実物の展示など、より踏み込んだ深海の世界となっている。

透明骨格標本

透明骨格標本は、本来は骨の配置や、関節の様子、成長に伴う骨の構造などを解剖せずに観察できるように開発された標本の保存方法。肉を取り除くのではなく、完全に透明化し、硬い骨を赤く、軟骨を青く染めることで、繊細な部分の観察が可能になる。標本の作成には、数多くの薬品による処理と数か月に及ぶ時間がかかるが、完成した標本の美しさから、近年は展示価値が見いだされるようになっている。

Museum Goods

水族館をたっぷり楽しんだあと、
深海生物を〝お持ち帰り〟できる
ミュージアムグッズの数々。
館長自ら手がけたこだわりの品揃えで、
どれにしようか迷うこと請け合い。
ここではその一部をご紹介します。

メンダコパペット
いちばん人気のメンダコがパペットになった。自分の手で思いのまま操ってみよう。2,500円(税別)

深海生物ストラップ
ストラップはミュージアムグッズの定番。金運を呼ぶシーラカンスなど。
352～500円(税別)

お菓子の数々
深海生物バナナクッキー、ホワイトチョコ、オリジナル黒糖キャラメルなど、お菓子も豊富にラインアップ。パッケージもかわいくお土産に大好評。

ぷるるんダイオウグソクムシ(右)
ただのぬいぐるみと思うなかれ。少し引っ張ると、なんと動くのだ！
1000円(税別)

シーラカンスぬぐるみ(左)
世界的にも珍しいシーラカンスをなんと自宅にお持ち帰るできる！
Sサイズ1481円(税別)

メンダコマグネット
メンダコがカラフルなマグネットに変身！ 磁石も強力でちょっとした書類もはさめて便利。各676円(税別)

深海のゆかいなサカナくつした
ラブカやデメニギス、メンダコなどとにかくかわいい！　他では手に入らない水族館オリジナルでいちばん人気。各509円(税別)

DATA

■営業時間　10：00～18：00
※最終入館は閉館30分前まで
※繁忙期および夏季・冬季は変更の場合あり

■営業日　年中無休
※保守点検のため臨時休業の場合あり

■入場料金

大人（高校生以上）	1,600円
こども（小・中学生）	800円
幼児（4歳以上）	400円

※65歳以上100円引き
※その他、団体割引もあり

ACCESS

■電車でお越しの方
東海道新幹線「三島駅」よりJR東海道線に乗り換え
JR東海道線「沼津駅」南口より
①バスで約15分「沼津港」下車
②タクシーで約5分～10分

■車でお越しの方
東　名　沼津I.C.より車で約20～30分
新東名　長泉沼津I.C.より車で約20～30分
駐車場：近隣　約500台（有料）

〒410-0845　静岡県沼津市千本港町83
☎055-954-0606
www.numazu-deepsea.com

沼津市

海と山の恵み、景勝とにぎわいの地。

日本一高い富士山を望み、日本一深い駿河湾を抱える沼津市。この雄大な自然が四季折々幾重もの風景を楽しませてくれる。春は各所で桜が咲き誇り、夏は海水浴、花火大会、灯籠流し、秋は実りの田園風景が広がり、冬は海の幸をふんだんに使った鍋に舌鼓を打つ。レジャースポットや歴史ある風景、数々の特産品にも恵まれた豊穣の地を堪能してみよう。

60年以上の歴史を持つ、花火大会。市街地での花火大会としては東海地方随一の規模を誇る夏の風物詩である。

A 狩野川花火大会

毎年、花火大会の前日に実施される。狩野川に掛かるあゆみ橋から御成橋間の河川敷で、約1000個の灯ろうが川面を彩る。

B 狩野川灯ろう流し

駿河湾の深海にすむ、大きなものは全長4mにもなる世界最大のカニ。長い足に詰まった身は、淡白で美味。

C タカアシガニ

E 赤野観音堂

江戸初期の建築様式を示す木造茅葺のお堂は左甚五郎作と伝えられる。境内には市の天然記念物である大カヤの木があり、駿河湾が一望の下に。

F 沼津のひもの

大正時代初期から本格的に生産されるようになった沼津を代表する名産品。なかでもあじの干物は全国シェア4割を誇り、高いブランド力をもつ。

G 沼津垣

古くから浜の潮風を防ぐために用いられてきた。材料は、箱根竹と呼ばれる篠竹を十数本ずつ束ねて、網代編みにしている。景観的にも、実用的にも優れている。

駿河湾の漁師の信仰を集める大瀬神社の例大祭。女装した青年たちが飾り付けられた漁船の上で繰り広げる「勇み踊り」が最大の見所。

D 大瀬まつり

H 日枝神社

1096年創建と、900年以上の歴史を誇る古社。境内の桜が見事で、例年数多くの観光客が訪れる。

2014年7月グランドオープンした静岡県東部最大規模の総合コンベンション施設。各種のイベントなどが行われている。

K プラサ ヴェルデ

法華宗本門流の大本山。日蓮大聖人を御開山、日春・日法両聖人を開基同時二祖と仰ぐ法華宗四大本山の一つ。

J 光長寺

ビーチの正面に富士山を望む海水浴場。水質がよく家族連れに最適。伊豆西海岸では数少ない貝殻やサンゴを含んだ白い砂浜が特徴。

I らららサンビーチ

Q スカシユリ

初夏にオレンジ色の花を上向きに咲かせる。花びらと花びらの間に隙間ができることからこの名がついた。御浜岬などで見ることができる。

P 御浜岬

腕のように湾曲した形が特徴的な岬で、四季折々の姿を楽しむことができる景勝地。夏は湾内の砂浜で海水浴が楽しめる。

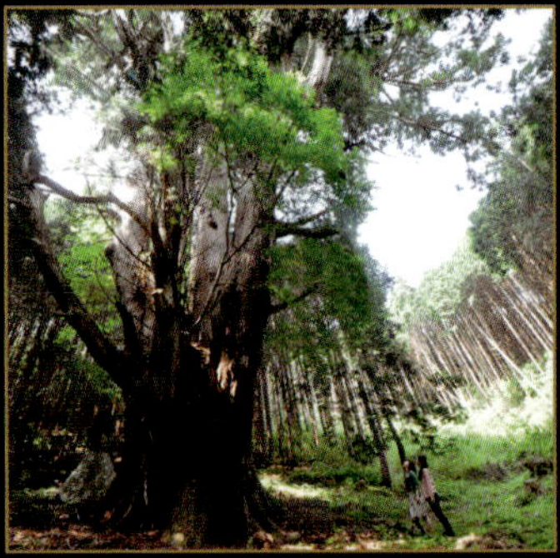

O 河内の大杉

金冠山北東にそびえ立つ、県指定天然記念物に指定された樹齢300年ともいわれる大杉。

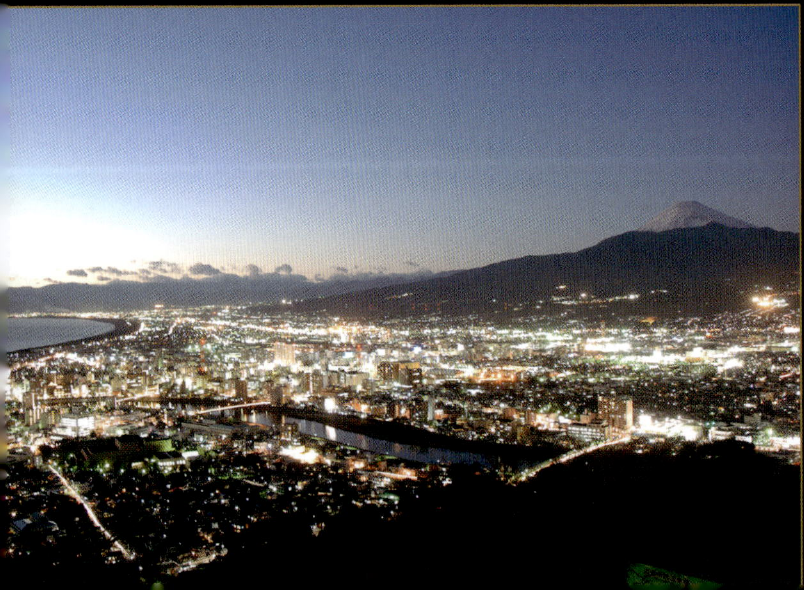

標高193mと高さはさほどないが、展望台からは市街地や富士山などが一望の下に。とくに夜景が美しいのでぜひ訪れたい。

U 香貫山夜景

別名「琵琶島」ともよばれる駿河湾に突き出した岬。駿河湾越しに富士山を望む景勝地である。またスキューバダイビングのメッカとしても知られる。

N 大瀬崎

1893年に造営され、明治・大正・昭和の三代に渡り使用された。現在は記念公園として美しい庭園などが公開されている。公園からの眺望も抜群。

M 沼津御用邸記念公園

のどかな田園風景が広がり、四季折々の自然が楽しめる。浮島地区は湧水や自噴井戸の宝庫で、ひんやりとして透き通った水は古くから人々の生活に利用されている。

L 浮島田園風景

T 沼津港飲食店街

港から水揚げされたばかりの新鮮な魚介類を楽しめる。名産の干物のほか、駿河湾ならではの、深海の魚は高級魚など盛りだくさん。

S 沼津魚市場のセリ

1階が魚市場で、2階は展望デッキとレストランが並んでおり、また市場を見渡せる見学通路が設けられている。

R 大平の菜の花

大平フラワーロード沿いの咲き誇る広大な菜の花畑。例年、1月下旬から2月初旬頃が見頃となる。

V 沼津港大型展望水門「びゅうお」

静岡県が津波対策として建設した日本最大級の水門。地上30mの展望施設からは、駿河湾や千本松原、富士山などを360度の大パノラマで見ることができる。

沼津港

飲食店を中心に観光客に人気のスポット。

静岡県下第２位の漁獲量を誇る沼津港。港の東側の狩野川との間には海鮮料理等の飲食店が軒を連ねる。一方、西方向には千本松原と呼ばれる松林が続く。2004年は展望施設を備えた大型水門「びゅうお」が竣工、2007年には水産複合施設「沼津魚市場 INO（イーノ）」がオープンした。また、沼津港深海水族館もあり、観光客は増え続けている。年間160万人が訪れる観光客に人気のスポットだ。

❶早朝の沼津港。富士山をバックに朝焼けが美しい。もともと観光客はいないエリアだったが、近年は飲食店を中心に多くの人で賑わうようになった／❷水産複合施設「沼津魚市場 INO（イーノ）」。市場機能に、見学者通路、展望デッキ、食堂など観光要素を合築させた複合施設だ。

③④昭和 30 年代の沼津港。かつては狩野川の右岸（現・永代橋付近）にあった。1933（昭和 8）年に内港が完成した／⑤沼津港が狩野川岸沿いにあった頃の沼津港／⑥駿河湾特産の深海生物。港付近の食堂や居酒屋で楽しむことができる／⑦魚市場内。駿河湾は水深が深いため、非常に多種にわたる水産物が水揚げされる／⑧大型巻網船の水揚げ風景／⑨セリで賑わう沼津港内／⑩沼津港深海水族館や飲食店、土産店が立ち並ぶ「港八十三番地」

『深海生物大事典』
佐藤孝子　成美堂出版

『オールカラー　深海と深海生物　美しき神秘の世界』
海洋研究開発機構／監修　ナツメ社

※本書に掲載されている諸データや価格等は、2016年6月現在のものです。

世界《せかい》に一《ひと》つだけの深海水族館《しんかいすいぞくかん》

平成28年6月18日　初版発行
平成29年4月18日　再版発行

定価はカバーに
表示してあります。

監修者　沼津《ぬまづ》港深海水族館《こうしんかいすいぞくかん》　館長《かんちょう》　石垣幸二《いしがきこうじ》
発行者　小川典子
印刷　株式会社暁印刷
製本　株式会社難波製本

発行所　**株式会社成山堂書店**
〒160-0012　東京都新宿区南元町4番51　成山堂ビル
TEL：03(3357)5861　FAX：03(3357)5867
URL：http://www.seizando.co.jp

落丁・乱丁本はお取り換えいたしますので、小社営業チーム宛にお送りください。

成山堂書店の刊行案内

杉浦千里博物画図鑑
美しきエビとカニの世界
杉浦千里 画／朝倉 彰 解説

細密画家の杉浦千里。没後 10 年の時を経て、初の作品集として刊行。甲殻類の魅力に取りつかれ、細部を極限まで描写したエビやカニの博物画。

A4 判／ 112p
定価 本体 3,300 円

日本図書館協会選定図書

磯で観察しながら見られる水に強い本！
海辺の生きもの図鑑
千葉県立中央博物館分館 海の博物館 監修

潮間帯に棲む海の生きもの 300 種を掲載。水に強いはっ水用紙を使用しているので、実際のフィールドで使えるフルカラーハンドブック。

新書判／ 144p
定価 本体 1,400 円

島の博物事典
加藤庸二 著

フルカラーの写真 2000 点以上、906 項目を掲載した日本随一の島の事典。歴史、文化、地理、伝説、動植物まであらゆる事柄を収録。

A5 判／ 688p
定価 本体 5,000 円

日本図書館協会選定図書

BOTTLIUM ボトリウム
手のひらサイズの小さな水槽。
田畑哲生 著

食器や花瓶を利用し、水草や石をレイアウトするだけのお手軽新感覚アクアリウム。「箱庭水族館」の世界へいざ！

A4 判変形／ 84p
定価 本体 1,500 円

ベルソーブックス004
魚との知恵比べ【3訂版】
川村軍蔵 著

魚はどんな色や味・音・匂いを好み、嫌うのか。釣りへの学習能力は？プロの漁師や釣りバカも疑問に思う魚の感覚や習性を科学的に解明する。

四六判／ 212p
定価 本体 1,800 円

日本図書館協会選定図書

ベルソーブックス041
アオリイカの秘密にせまる
上田幸男・海野徹也 共著

その生物学的な知識から説き起こし、エギング、ヤエン釣りなどで人気のアオリイカ釣りに役立つ情報や美味しく食するためのコツまでを解説。

四六判／ 232p
定価 本体 1,800 円

日本図書館協会選定図書

※定価はすべて税別です